Eva-Maria Krämer

Hunde rassen

Die 200 beliebtesten Rassen

KOSMOS

Inhalt

Rassehunde

‹ Der Wolf – Stammvater aller Hunde

› Zu diesem Buch

Als ich in den 70er Jahren anfing, Hunderassen in ihren Ursprungsländern zu besuchen und möglichst noch bei ihren ursprünglichen Aufgaben zu erleben, wurde mir ganz schnell klar, dass ihre Arbeit und die Lebensumstände mit ihren Menschen Verhalten und Charakter prägten. So wurde mir der KOSMOS Hundeführer zu einem Anliegen, denn es gab kein Hundebuch, das sich ausreichend der Thematik widmete. Die Autoren beschrieben mehr oder weniger das Aussehen der Hunde, kaum aber die Wesensgrundzüge. Und gerade sie sind es, die das Zusammenleben mit unserem Hund zu einer wundervollen Erfahrung oder großen Enttäuschung werden lassen. Der KOSMOS Hundeführer wurde denn auch zu einem weltweiten Erfolg und hat hoffentlich so manchem Hund und Mensch zu einem glücklichen Miteinander verholfen.

Der große Hundeführer stellt das breite Spektrum der Rassehunde in aller Welt dar, während dieses Buch nur Rassen vorstellt, die in Deutschland gezüchtet werden. Es soll in erster Linie eine Entscheidungshilfe bei der Anschaffung eines Hundes sein. Orientiert habe ich mich an den Eintragungsziffern des Verbandes für das Deutsche Hundewesen e.V. (VDH) und Rassen ausgewählt, die mit einer gewissen Regelmäßigkeit gezüchtet werden. Eine Vorstellung davon, ob man rasch einen Züchter findet oder etwas länger suchen muss, vermittelt der Vermerk: sehr häufig (ab 500 Welpen jährlich), häufig (100–500), selten (20–100) oder sehr selten (weniger als 20). Die Fotos zeigen typische Exemplare, so dass sich eine nähere Beschreibung des Aussehens erübrigt. Haar- und Farbvarianten sowie die Schulterhöhe werden genannt. Da es in Deutschland verboten ist, Ohren und Ruten zu kürzen, mit Ausnahme der Ruten bei jagdlich geführten Hunden, haben wir alle Hunde im „Naturzustand" abgebildet, mit Ausnahme einiger Jagdgebrauchshunde, die legal kupiert wurden.

In diesem Buch habe ich einen neuen Weg beschritten und die Rassen nach ihren ursprünglichen Tätigkeitsbereichen eingeteilt. Die offizielle Gruppeneinteilung des Internationalen Dachverbandes der Rassehundezucht FCI ist kynologisch nicht durchgängig konsequent. Ich habe mich an die Gruppeneinteilung Jan Nijboers („Natural Dogmanship®") angelehnt, die mir sinnvoller erschien, und sie nach eigenen Erfahrungen ergänzt. Die Beschreibung der Gruppe soll genügend Informationen vermitteln, um zu erkennen, ob ein Hund aus diesem Bereich für den Leser infrage kommt oder nicht. Abweichungen dazu sind bei den einzelnen Rassen vermerkt.

› Der Hund in unserer Gesellschaft

Blicke ich auf mein jahrzehntelanges „Hundeleben" zurück, stelle ich fest, dass sich die Lebensumstände der Menschen und die Rolle des Hundes sehr verändert haben. Die Aufnahme des Hundes in den engsten Familienkreis entwickelte sich erst in diesem kurzen Zeitraum zu einer Selbstverständlichkeit. Früher lebten Hunde nur ausnahmsweise in der Wohnung, die Haltung im Freien war bei großen Hunden selbstverständlich. Man dressierte Hunde nach althergebrachtem Schema, und die Verhaltensforschung befand sich in den Babyschuhen. Durch die neue, enge Beziehung zum Hund entstehen Konfliktsituationen, die es vorher so nicht gab. Wir holen uns Hunde ins Haus, die einer ech-

‹ Auf dem Weg vom Wolf zum Rassehund hat sich die Umwelt unserer Hunde verändert.

ˇ Bei Rassehunden weiß man, welche Eigenschaften und Fähigkeiten man erwarten darf.

ten Aufgabe verpflichtet waren, können sie diese aber nicht ausleben lassen. Allein durch die Nähe in unserer eigenen Wohnhöhle gewähren wir dem Hund die Rolle eines verantwortungstragenden Rudelmitglieds, verlangen aber gleichzeitig erzieherische Unterordnung. Wir betrachten den Hund als Familienmitglied, oft als Kind im Hause, hegen und pflegen ihn. Doch seltsamerweise taucht jetzt immer häufiger ein neues Wort im Sprachgebrauch auf – der Problemhund. Dabei ist es oft umgekehrt: wir Menschen bereiten den Hunden wirklich Probleme. Man beraubt sie ihrer natürlichen Aufgaben, packt sie in ein Rudel, dessen Sprache und Kultur sie nicht verstehen, und erwartet von ihnen, dass sie gehorchen, nichts kaputt machen und die gleichen Interessen verfolgen wie wir, wobei ihre Betätigungsmöglichkeiten oft genug nur in einem mehr oder weniger ausgiebigen Spaziergang am Tag mit unendlich langen Ruhephasen im Wohnbereich bestehen.

Wirkliche Problemhunde sind selten, die meisten Probleme sind Anschauungssache und aus Sicht des Hundes Normalverhalten. Was der eine lustig findet, ist für den anderen unerträglich! Wenn man weiß, warum ein Hund ein bestimmtes Verhalten mehr oder weniger ausgeprägt zeigt, kann man entweder besser damit umgehen oder man sucht sich eine andere Rasse aus. Aussehen ist wirklich nicht ausschlaggebend. Wenn die Beziehung stimmt, ist jeder Hund der schönste auf dieser Welt. Ihnen und Ihrem Hund dieses Glück zu schenken, ist Anliegen dieses Buches.

› Warum ein Rassehund?

Der Hund ist das älteste Haustier des Menschen und hat seine kulturelle Entwicklung weitgehend geprägt. Schon sehr früh züchtete der Mensch gezielt für bestimmte Zwecke. Inwieweit das Aussehen eine Rolle gespielt hat, lässt sich nur schwer nachvollziehen. Rassen nach einem vorgegebenem Idealbild, dem Standard zu züchten, wie es heute der Fall ist, kennt man erst seit gut 150 Jahren. Ein winziger Zeitabschnitt in der gesamten Historie.

Ein großer Vorteil des Rassehundes ist, mit einiger Sicherheit zu wissen, wie er einmal aussehen und welches Grundverhalten er zeigen wird. Als „Naturprodukt“ wird es immer kleinere Abweichungen geben, im Äußeren wie in der Persönlichkeit, und den Idealhund nach Standard wird es nie geben. Das Streben der Züchter, diesem Idealbild möglichst nahe zu kommen, gewährt die Einheitlichkeit innerhalb einer Rasse. Aus diesem Grunde besuchen sie Ausstellungen, wo die Hunde am Standard gemessen und beurteilt werden, oder nehmen an Leistungsprüfungen teil. Jeder, der gewisse Vorstellungen von seinen künftigen Hausgenossen hat, hat beim Rassehund die beste Chance, sie erfüllt zu sehen. Der Mischlingshund dagegen ist ein „Überraschungspaket" in jeder Beziehung und keineswegs gesünder oder unproblematisch, schon gar nicht, wenn er dem Trend folgend von kommerziellen Vermehrern aus populären Rassen zusammengemixt wurde, wie sie in den Kleinanzeigen der Tageszeitungen angeboten werden. Auch Mitleidskäufe herrenloser Hunde sind oft mit Schwierigkeiten verbunden, über die man sich im Klaren sein muss. Guter Wille allein tut es hier nicht! Nicht jedem ist es gegeben, sein Leben auf einen schwierigen Hausgenossen einzustellen.

Ein weiterer großer Vorteil des Rassehundes ist die Betreuung durch Rassezuchtvereine, wo man stets mit Rat und Tat unterstützt wird und sportliche und gesellige Aktivitäten geboten werden. Aufgabe der Rassezuchtvereine ist die Überwachung der Zucht nach tierschützerischen Gesichtspunkten, die Wahrung der Reinrassigkeit und die Zugrundelegung des Standards bei der Zucht. Hierzu werden Zuchtbestimmungen erstellt, die gesundheitliche Vorsorgemaßnahmen, oftmals Wesensüberprüfungen sowie die Kontrolle der Aufzucht durch Zuchtwarte beinhalten. Nur der Züchter, der sich genau daran hält, kann seine Welpen in das Zuchtbuch eintragen lassen, das im Falle des Verbandes für das Deutsche Hundewesen kommerziellen Hundehändlern und Produzenten nicht offensteht. Im Handel sind daher Welpen mit VDH-Ahnentafeln nicht zu bekommen. Die VDH-Ahnentafel gibt Aufschluss über die Vorfahren und garantiert die Reinrassigkeit.

In den letzten Jahren geriet die Rassehundezucht in Misskredit. Nicht ganz zu Unrecht, denn wo gewisse Menschen ein Geschäft wittern, scheuen sie nicht vor übelsten Praktiken zurück. In Massen auf Profit gezüchtete Welpen haben keine artgerechte Aufzucht, sind oft verhaltensgestört und krank. Es gehört zur Verantwortung des Käufers, sich sorgfältig zu informieren und nicht durch unkritischen Kauf die schwarzen Schafe zu unterstützen.

› Tipps zum Kauf

Zunächst müssen folgende Fragen geklärt werden:

› Habe ich Zeit und Platz für einen Hund?
› Will ich mich eingehend mit seinen Bedürfnissen befassen?
› Kann ich ihn mir leisten?
› Wohin mit dem Hund im Urlaub?
› Gibt mir der Vermieter sein schriftliches Einverständnis zur Hundehaltung?
› Werde ich auch in 10 Jahren noch einen Hund halten können?
› Passt mein „Traumhund" auch wirklich zu mir?

Im Serviceteil (Seite 155) finden Sie wertvolle Literaturtipps, die Ihnen bei der Beantwortung dieser Fragen helfen.

Was den Hund selbst betrifft, darf das Aussehen alleine nicht ausschlaggebend sein. Bedürfnisse, Eigenarten, Auslauf und Pflegeaufwand müssen abgewogen werden.

› Lange Haare – kurze Haare

Neben der Größe spielt das Fell bei der Wahl des Hundes oft eine große Rolle. Grundsätzlich gilt, dass kurzhaarige Hunde ohne Unterwolle witterungsempfindlicher sind als stockhaarige Hunde mit dichter, isolierender Unterwolle. Erstere verlieren weniger Haare, die aber hartnäckig an Textilien haften, während die Unterwolle zweimal im Jahr in Flocken ausfällt und sich überall verteilt. Langhaar ist nicht unbedingt pflegeintensiv, aber man muss den täglichen Umgang mit dem Fell lieben, wenn der Hund sauber und gepflegt

‹ **Nicht nur Gefühle zählen. Vor dem Kauf eines Hundes sollte man sachlich abwägen.**

⌄ **Rüde oder Hündin? Das ist hier die Frage!**

aussehen soll. Ausfallende Haare lassen sich gut entfernen; das Problem ist, dass langhaarige Hunde sehr viel Schmutz ins Haus tragen. Rassen, die getrimmt oder geschoren werden, sind abgesehen von diesen aufwändigen und teuren Maßnahmen (Hundefriseur) eher pflegeleicht.

› Rüde oder Hündin?

Immer wieder wird die Frage nach dem Geschlecht gestellt. Entgegen landläufiger Meinung sind Rüden unkomplizierter als Hündinnen, da sie weniger den hormonellen Umstellungen unterliegen. Allerdings vergessen sie alles, wenn sie eine heiße Hündin in der Nase haben. Wer viel reist, Sport treibt und sich viel unter anderen Hunden aufhält, ist mit einem Rüden besser bedient. Bei vernünftiger Prägung und Sozialisierung sind sie trotz einigen Machogehabes sozial verträglich. Streitigkeiten sehen meist wüster aus als sie sind. Bekommt man Dominanzgehabe nicht in den Griff, kann vielleicht eine Kastration helfen.

Hündinnen werden in der Regel alle sechs Monate läufig, ihr Hormonhaushalt stellt sich schon Wochen vorher darauf ein, sie werden unkonzentriert, verändern sich manchmal sogar im Wesen, müssen drei Wochen während der Hitze gut behütet werden, um Nachwuchs zu vermeiden, und anschließend baut sich der Hormonhaushalt wieder ab oder die Hündin wird scheinträchtig, dann zieht sich das ganze nochmals 6–8 Wochen hin. Die Kastration der Hündin ist eine Möglichkeit, das abzustellen, aber eine Operation unter Vollnarkose mit den entsprechenden Risiken. Sie sollte in jedem Fall auf dem hormonellen Tiefpunkt zwischen den Hitzen vorgenommen werden. Hormonelle Lösungen würde ich nicht empfehlen. Nach dem Tierschutzgesetz dürfen Kastrationen nur nach medizinischer Indikation durchgeführt werden.

Sozialverträglichkeit ist bei manchen Rassen nicht selbstverständlich. Ich habe in den Beschreibungen darauf hingewiesen. Bei solchen Rassen stehen Hündinnen den Rüden bei der Verteidigung ihres Reviers in nichts nach. Ansonsten sind sie in der Regel wesentlich unterordnungsbereiter und weniger darauf bedacht, sich in der Familie mit ihren Menschen um den Rang zu streiten.

› Der richtige Züchter

Erfragen Sie beim VDH die Anschriften der Zuchtvereine, deren Rassen für Sie infrage kommen und besuchen Sie deren Veranstaltungen, wo Sie möglichst viele Hunde und deren Menschen kennen lernen. Lassen Sie sich Züchteradressen aus Ihrer näheren Umgebung geben, auch wenn dort gerade keine Welpen zu erwarten sind. Ein Züchter, dem seine Rasse am Herzen liegt, wird immer gerne informieren. Besuchen Sie einige Züchter und kaufen Sie letztlich dort, wo die Hunde Ihren Vorstellungen entsprechen und die Welpen eine menschenbezogene Aufzucht genießen, d.h. deutlich Vertrauen zum Menschen zeigen. Wichtig ist auch, dass man sich gut mit dem Züchter versteht und dieser Wert auf Kontakte über den Verkauf hinaus legt. Diese Betreuung durch den Züchter ist ein nicht zu unterschätzender Vorteil und im Welpenpreis inbegriffen. Wundern Sie sich nicht, wenn Sie ein Züchter gründlich ausfragt, denn er möchte, dass seine Welpen ein dauerhaft gutes Zuhause finden. Eventuell wird er dazu eine Klau-

‹ Ein guter Züchter bietet den Welpen vielfältige Umwelteindrücke und Kontakt mit Kindern.

⌄ Egal welche Rasse – für die Erziehung gibt es verschiedene Methoden. Hier Jan Nijboer (Natural Dogmanship®).

sel in den Kaufvertrag aufnehmen. In der Regel bleiben die Welpen auch über den Verkauf hinaus seine „Kinder", deren Wohl ihm sehr am Herzen liegt. Danken Sie, wenn er Ihnen von dieser Rasse abrät! Er hat Ihnen viel Ärger erspart.

Verantwortungsvoll betriebene Rassehundezucht ist teuer und aufwändig. Welpenpreise um die 800 Euro und mehr sind üblich. Vorsicht bei Billigangeboten! Renommierte Züchter haben in der Regel keine Absatzschwierigkeiten. Bei keiner Rasse sind ängstliche oder aggressive Hunde in friedlicher Situation normal. Natürlich darf jeder Hund den „Eindringling" verbellen, aber unter der freundlichen Einwirkung des Züchters muss er sich in Gegenwart des Fremden beruhigen und neutral verhalten. Lassen sich die Hunde nicht durch Worte kontrollieren, ist das ein schlechtes Zeichen! Belasten Sie sich nicht mit einem Hund, der nervlich seiner Umwelt nicht gewachsen ist oder für die Menschen eine Bedrohung darstellt. Akzeptieren Sie keine Ausreden und Entschuldigungen, gehen Sie zum nächsten Züchter.

› Die passende Rasse

Bei der Rassewahl sollte man bedenken, dass sehr große Hunde meist eine relativ geringe Lebenserwartung haben.

Ferner sollte man darauf achten, dass der Welpe keiner Inzuchtverpaarung entstammt, wie sie heute leider viel zu oft eingesetzt wird, um erwünschte Merkmale zu festigen und rasch zum Erfolg zu kommen. Ebenso treten dabei unerwünschte Merkmale ans Licht. Lassen Sie sich die Ahnentafel zeigen und überprüfen Sie, ob die gleichen Vorfahren (Namen) mehrmals in den ersten fünf Generationen auftauchen. Inzucht mag zu Beginn der Rassehundezucht sinnvoll gewesen sein, um das erwünschte Rassebild zu erzielen, doch heute müssen zur Erhaltung der Genvielfalt und damit zur Fitness der Hunde in Bezug auf Gesundheit, Nervenstärke, Widerstandsfähigkeit, Fruchtbarkeit und Langlebigkeit schleunigst andere Wege beschritten werden, wie sie die Populationsgenetik vorgibt und erfolgreich bei einigen Rassezuchtvereinen umgesetzt werden. Wenn ein Züchter aus gutem Grund Inzucht (Verwandschaftszucht) vornimmt, muss er auch die Verantwortung für die Nachkommen tragen und sie nicht dem Welpenkäufer aufhalsen.

› Kinderfreundlichkeit ist nicht angeboren, sondern das Ergebnis von Prägung und Erziehung.

Bei einigen Rassen kommen – nicht zuletzt weil zu stark ingezüchtet wurde – Erbkrankheiten vor. Fragen Sie beim Rassezuchtverein, ob und welche Krankheiten es gibt. In der Regel sehen die Zuchtbestimmungen Vorsorgemaßnahmen vor. Das gilt insbesondere für die bei vielen Hunden (auch Mischlingen) vorkommende Hüftgelenksdysplasie. Zuchttiere betroffener Rassen müssen geröntgt sein. Es empfiehlt sich, Welpen nur von einwandfreien Elterntieren zu kaufen, wobei die Aufzucht (Ernährung und Bewegung) bei der Ausprägung der Krankheit eine wesentliche Rolle spielt. Ich habe bewusst auf das Aufführen solcher Krankheiten und Mängel verzichtet, weil meist nur wenige Hunde betroffen sind und bei entsprechender züchterischer Bekämpfung ein Problem von heute morgen keines mehr ist oder eine heute „gesunde" Rasse morgen schon eines haben kann. Kein Mensch kann ewige Gesundheit garantieren. Der verantwortungsvolle Züchter soll aber nach bestem Wissen und Gewissen nur gesunde und charakterlich einwandfreie Hunde zur Zucht verwenden.

› Kinderfreundliche Hunde

Ich habe bewusst bei keiner Rasse Kinderfreundlichkeit erwähnt. Hunde und Menschen leben nun seit so vielen Jahrtausenden erfolgreich zusammen, Kinder und Hunde waren immer ein glückliches Gespann – und seit all den Tausenden von Jahren lebt man mit der Tatsache, dass Katzen kratzen, Hunde beißen und Menschen schlagen. Unsere Eltern haben uns noch beigebracht, dass man die Verteidigungsmöglichkeiten dieser Tiere akzeptiert. Heute zieht man vor den Kadi und verlangt ein Todesurteil für den Hund, sobald er die Zähne zeigt und teilt Rassen in gefährlich und ungefährlich ein.

Natürlich verurteile ich Menschen, die Hunde dazu missbrauchen, Mitmenschen in Angst und Schrecken zu versetzen oder gar für Geld aufeinander hetzen. Aber Hunde, die nicht beißen, gibt es nicht. Es ist ihre einzige Verteidigungsmöglichkeit, die sie – wie wir Menschen unsere Fäuste – je nach Temperament, Lebenserfahrung und Situation einsetzen. Wie kinderfreundlich ein Hund ist, hängt einzig und allein vom Umgang der Eltern mit ihren Kindern und dem Hund ab. Kinder müssen den Umgang mit Hunden lernen und umgekehrt. Die Verantwortung liegt bei den Eltern. Natürlich ist ein Zwerghund weniger „gefährlich" als ein großer Hund, weil sein Biss weniger Schaden anrichtet. Vielmehr muss man den Hund vor den Kindern schützen. Wer Kleinkind und Hund vereinbaren will, braucht sehr viel Zeit, Platz und fundierte Kenntnis in Hundeverhalten, um das Geschehen stets unter Kontrolle zu haben. Der Hund ist ein weiteres Kleinkind im Hause, die Aufgabe, die er an seine Familie stellt, darf man nicht unterschätzen. Wer nicht wirklich Hundeerfahrung hat, sollte lieber warten, bis die Kinder 10–12 Jahre alt sind. Bei richtigem Umgang und guter Erziehung von Kind und Hund spielt es dann keine Rolle mehr, welche Rasse man wählt. Wichtig ist nur, dass man die Anforderungen, die der Hund aus seiner Rassezugehörigkeit heraus mitbringt, richtig einschätzt und in entsprechende Bahnen lenkt. Wer unsicher ist, sollte sich bei Züchtern orientieren, die selbst Kinder in diesem Alter haben und deren Hunde mit in der Familie leben, um das Verhalten der Hunde und Menschen hautnah zu erleben.

Hütehunde

Links: Der Deutsche Schäferhund beim Hüten, den Schäfer immer im Blick.

Rechts: In den unendlichen Weiten Schottlands treibt der Border Collie die Schafe von einer Weide zur anderen oder zum Kennzeichnen und Scheren zusammen.

Ganz rechts: Der Malinois – immer aktiv

Unten: Ausgesprochen vielseitig: der Australian Shepherd

Wer einen Hütehund bei der Arbeit an der Herde beobachtet und sich an Dokumentarfilme über Wölfe in freier Natur erinnert, erkennt sofort: hüten ist jagen. Warum finden wir dann unter den Hütehunden so viele hervorragende Begleithunde? Weil sie in der Gruppe jagen – genau wie einst wir Menschen. Bei ihnen wurde das Jagdverhalten auf große Beutetiere züchterisch gefestigt. Wölfe jagen große Beutetiere in der Regel im Winter, wenn kleine Tiere nicht ausreichend zur Verfügung stehen. Sie schließen sich zu größeren Gruppen zusammen und verfolgen die Herden. Um erfolgreich zu jagen, müssen sie die Rollen klar verteilen und unmissverständlich miteinander kommunizieren, denn Misserfolg bedeutet den Tod der ganzen Sippe. Jedes Tier nimmt willig seinen Platz ein und leistet entsprechend seiner Begabung Bestes. Diese verschiedenen Talente machen Hütehunde so vielseitig. Klare Regeln beherrschen das Bild: Der Rudelführer bestimmt Beginn und Strategie der Jagd. Dann kommt es auf blitzschnelles Reagieren an. Jeder weiß genau, was er zu tun hat, ohne Alleingänge, die den Jagderfolg gefährden. Nicht anders arbeitet der Hütehund – nur den letzten Schritt, das Töten der Beute, überlässt er dem Schäfer.

Aussehen und Arbeitsweise (Verhalten) des Hütehundes hängen von Landschaft und Klima ab, was sich in den verschiedenen Hundetypen widerspiegelt. Im fruchtbaren Flachland werden zugewiesene Brachflächen beweidet. Schäfer und Hund kontrollieren die Herde ständig, damit die Schafe nur diese abfressen. Enge Zusammenarbeit, ständige Aufmerksamkeit, hohe Ausdauer, starker Schutztrieb gegen Diebe zeichnen sie aus. Hütehunde der Heide und Steppe begleiten große Herden, doch das Arbeiten ist freier, eher treibend. Im kargen Bergland beweiden die Schafe weitläufige Flächen ohne Aufsicht, so

dass der Hütehund auf Verlangen weitestgehend selbstständig Schafe oder Ziegen am gewünschten Ort zusammentreibt.

Typische Merkmale der Hütehunde sind: Gutes Sehvermögen, das kleinste Bewegungen auch in der Ferne erfasst, großes Interesse an Wild, starke soziale

Bindung an seine Gruppe und einhergehend Misstrauen gegenüber Rudelfremden. Zum Überleben gehört, dass man sich an seinem Platz einbringt und gut miteinander auskommt, ohne sich bei Rangordnungsrangeleien zu verletzen und die Gruppe zu belasten. Solche Hunde fühlen sich bei einer klaren, liebevollen Rudelführung sicher und zeigen psychische und physische Störungen, wenn sie fehlt. Man bezeichnet sie deshalb als „sensibel". Diese jugendliche Unterordnungsbereitschaft hält sich bis ins hohe Alter und damit auch die Freude an gemeinsamem Spiel und Arbeiten. Hütehunde sind Arbeitshunde, sie brauchen gemeinsame Beschäftigung mit ihren Menschen, die sie körperlich und geistig auslasten. Deshalb sind Zeit und die Möglichkeit, dem Menschen nahe zu sein, unabdingbar für die Haltung eines Hütehundes. Prägungsfehler, Haltungsfehler, Erziehungsfehler wirken sich bei den feinfühligen, extrem guten Beobachtern stark aus und sind nur mit viel Sachverstand zu korrigieren. Hütehunde hören ausgezeichnet, da sie über weite Entfernungen Rufe und Pfiffe des Schäfers in den Nuancen ihrer Bedeutung wahrnehmen müssen. Deshalb neigen Hütehunde oft zu Geräuschempfindlichkeit. Alle Hütehunde sind sehr schnell, wendig, ausdauernd und gute Springer, was sie zu idealen Sporthunden macht.

Territorialinstinkt und Sexualinstinkt sind weniger ausgeprägt als Jagd- und sozialer Rudelinstinkt, was für den Familienhund sehr angenehm ist. Der Hütehund ist sehr wachsam, bellt gerne und beschützt sein Reich, sollte jedoch in Anwesenheit seiner Menschen Fremde bis hin zur freundlichen Kontaktaufnahme akzeptieren.

Ein Hütehund mit einer engen Bindung an seinen Menschen hat keine Freude am selbstständigen Jagen, was zu der oft zitierten Meinung führt, sie jagen nicht. Sie jagen sehr wohl, entfernen sich aber in der Regel nicht weit von ihrer Bezugsperson und lassen sich in einer stimmigen Beziehung von Wild und Fährte abrufen. Unausgelastete und unbeaufsichtigte Hütehunde, gar zu mehreren, gehören zu den übelsten Hetzern.

Deutscher Schäferhund

Schulterhöhe Rüde 60–65 cm, Hündin 55–60 cm

Gewicht Rüde 30–40 kg, Hündin 22–32 kg

Farben schwarz, schwarzbraun in verschiedenen Tönen, wolfsgrau

FCI-Nr. 166

Verbreitung sehr häufig

Robuster, pflegeleichter Hund, haart beim Fellwechsel stark.

Ende des 19. Jh. wurde der stockhaarige, wolfsähnliche Typ aus thüringischen und württembergischen Hütehunden als Diensthund für Polizei und Militär gezüchtet. In beiden Weltkriegen erwarb er sich an der Front Hochachtung bei den Soldaten aller Nationen und begründete damit seine weltweite Beliebtheit. Leider tat sich in den letzten Jahrzehnten eine Kluft zwischen sog. Leistungshunden für Hundesport und Diensthundwesen und der sog. Schönheitszucht auf, denn übertriebene Ideale schaden Gesundheit und Charakter. Hunde aus verantwortungsvollen Zuchten sind nach wie vor hervorragende Diensthunde sowie zuverlässige Sport- und Familienhunde. Der Deutsche Schäferhund braucht engen Kontakt zu seiner Bezugsperson, viel Bewegung und Beschäftigung. Jeder Schäferhundbesitzer findet für sich und den vielseitig einsetzbaren, arbeitsfreudigen und leichtführigen Hund die passende Beschäftigung: Turnierhundesport, Agility, Katastrophen-, Lawinen-, Schutz-, Hüte-, Blindenführhund usw. Keinesfalls darf der Schäferhund sich selbst überlassen als „Alarmanlage“ missbraucht werden. Haltungs- und Erziehungsfehler wirken sich bei dem temperamentvollen, geborenen Arbeitshund immer negativ aus. Als reiner Familienbegleithund nur bedingt zu empfehlen.

Lawinensuchhund

Weißer Schweizer Schäferhund

Schulterhöhe Rüde 60–66 cm, Hündin 55–61 cm

Gewicht Rüde 30–40 kg, Hündin 25–35 kg

Farbe weiß

Fell stock- und langstockhaarig

FCI-Nr. 347, vorläufige Anerkennung

Verbreitung häufig

Bis zur FCI-Anerkennung hießen sie Amerikanisch-Canadische Weiße Schäferhunde.

Weiße Exemplare waren schon zu Beginn der Reinzüchtung des Deutschen Schäferhundes Ende des 19. Jh. bekannt, bei Schäfern aber nie beliebt. Da die Erbanlage für weißes Fell (keine Albinos!) noch immer vorhanden ist, fallen gelegentlich aus farbigen Eltern weiße Welpen. In den USA bekommen sie Ahnentafeln des AKC, sind lt. Standard jedoch fehlfarben und haben auf Ausstellungen keine Chance gegenüber farbigen Hunden. Weiße Schäferhunde aus reiner Farbzucht werden meist von Familienhund-Liebhaberzüchtern abseits der großen Wettbewerbe um Schönheit und Leistung gezüchtet, was sicherlich Typ und Charakter beeinflusste. Die ersten weißen Schäferhunde tauchten in der Schweiz auf. Leider war der Deutsche Schäferhund Verein (SV) nicht bereit, die Farbe wieder in den Standard aufzunehmen, dennoch wurden die Hunde in einigen Ländern registriert und offiziell gezüchtet. Schließlich beantragte die Schweizerische Kynologische Gesellschaft (SKG) die Anerkennung durch die FCI, wobei im Standard jeglicher Hinweis auf den Deutschen Schäferhund unterbleiben musste. Im Wesen entspricht er dem Deutschen Schäferhund, ist jedoch etwas sensibler. Sein Körperbau hat die ursprüngliche Form behalten. Er erfreut sich als Familienhund recht großer Beliebtheit.

Rettungshund bei der Trümmersuche

Belgische Schäferhunde

Schulterhöhe
Rüde 62 cm -2/+4 cm,
Hündin 58 cm -2/+4 cm

Gewicht Rüde 25–30 kg,
Hündin 20–25 kg

FCI-Nr. 15

Verbreitung häufig, Lakenois selten

Die Belgischen Schäferhunde gehören zu den anerkannten Diensthunderassen.

In Belgien entwickelte sich Ende des 19. Jh. ein mittelgroßer, wendiger, ausdauernder, genügsamer, wachsamer Schäferhund mit Schutztrieb, der stark führerbezogen war und dennoch selbstständig arbeiten konnte, wenn es die Situation erforderte. 1891 nahm sich Prof. Reul der einheimischen Schäferhunde an und förderte die Reinzucht. Schließlich einigte man sich auf die folgenden Farben und Haararten:

Groenendael: schwarz, langhaarig, entwickelte sich um das Dörfchen Groenendael.

Tervueren: langhaarig, rotbraun mit schwarzen Haarspitzen und schwarzer Maske.

Malinois (Mechelaer): Kurzhaar, falbfarben mit schwarzer Wolkung und schwarzer Maske, stammt aus der Gegend um Malines (Mechelen).

Lakenois (Laeken): rauhaarig, Farbe wie Malinois, benannt nach einer Rauhaarschäferhundzucht im Park von Schloss Laeken.

Belgische Schäferhunde sind sehr gute Familienhunde und unermüdliche Freizeitgefährten. Sie sind intelligent, arbeitsfreudig, leichtführig, wachsam und für vielerlei Ausbildung geeignet. Sie brauchen viel Bewegung und Beschäftigung und zeigen hervorragende Leistungen vom Agility bis hin zum Rettungshund. Der Malinois wird immer häufiger

Linke Seite oben Tervueren, unten Groenendael. Diese Seite links Malinois, unten Lakenois

bei Polizei und Zoll eingesetzt. Hunde aus gezielter Leistungszucht sind jedoch als Familienhunde nicht zu empfehlen. Die sehr sensiblen Belgier müssen einfühlsam und mit liebevoller Konsequenz erzogen werden. Sie sind daher für den unerfahrenen Hundefreund nur bedingt empfehlenswert. Der Laeken ist ausgeglichener und ruhiger als seine sehr temperamentvollen, immer agilen Vettern. Dabei ist er nicht weniger begabt, aber leider nur selten anzutreffen. Alle Haararten sind pflegeleicht.

Der Belgische Schäferhund zeichnet sich durch übersprudelndes Temperament und immerwährende Aktionsbereitschaft aus. Eine Tatsache, die man nicht unterschätzen sollte. Körperlich, aber vor allem geistig nicht ausgelastete Hunde können hysterisch werden. Man muss schon sehr viel Zeit aufwenden und sich intensiv mit dem Hund beschäftigen; mit Radfahren ist es nicht getan.

Holländischer Schäferhund

Schulterhöhe Rüde 57–62 cm, Hündin 55–60 cm

Gewicht Rüde ca. 28 kg, Hündin ca. 23 kg

Farbe dunkelbraun oder grau mit heller Stromung

FCI-Nr. 223

Verbreitung selten

Auch Deutsche Schäferhunde kamen gestromt und in diesen Haararten vor.

Hollandse Herders, Belgischer und Deutscher Schäferhund sind eng verwandt. Sie erlangten jedoch nie große Popularität und wurden stets in kleinem Rahmen gezüchtet. Sie stehen selbst in ihrer Heimat im Schatten der weltberühmten Deutschen oder farbenprächtigeren Belgischen Schäferhunde. Dafür konnte sich ein Hund erhalten, der noch sehr viel mehr den ursprünglichen Schafhundtyp verkörpert. Am häufigsten ist der Kurzhaar zu finden, ihm folgt der Rauhaar, sehr selten wird der Langhaar gezüchtet, der mir im Wesen sensibler erscheint als Kurz- und Rauhaar. Das Augenmerk der holländischen Züchter gilt in erster Linie dem zuverlässigen Haus- und Familienhund. Jedoch findet er auch als Blindenführhund, Zoll- und Polizeihund Verwendung. Der Holländische Schäferhund ist ein Einmannhund, der engen Führerbezug braucht. Er ist unbestechlich, Fremden gegenüber misstrauisch, aber seiner Familie treu ergeben. Sein natürlicher Schutztrieb macht ihn zum geschätzten Wächter von Haus und Hof. Er arbeitet freudig, braucht eine konsequente Führung und erfreut auch Anfänger in der Hundehaltung. Bewegungsfreudiger, pflegeleichter Hund, der sich gut für Turnierhundsport und Agility eignet. Alle drei Haararten sind pflegeleicht.

Oben Kurzhaar, links Langhaar

Altdeutsche Hütehunde

Schulterhöhe, Gewicht, Farben usw. sind nicht nach einem Standard festgelegt. Nach meiner Schätzung liegt die Schulterhöhe zwischen 50 und 60 cm.
Infos: www.a-a-h.de

Nicht zu verwechseln mit dem „Altdeutscher Schäferhund“ genannten langhaarigen Deutschen.

Mit der Reinzucht des Deutschen Schäferhundes gerieten alle anderen Schläge in Vergessenheit. Nur in der ehemaligen DDR wurden sie gepflegt. Als nach der Wende die Schafzucht weitgehend eingestellt wurde, drohte der Untergang der alten Rassen. Die Arbeitsgemeinschaft zur Zucht Altdeutscher Hütehunde (AHH) fördert die Zucht der alten Schläge, jedoch nicht nach Schönheit, sondern nach den Fähigkeiten als Hütehund. Unter dem Einfluss von Klima und Gelände, nicht zuletzt dem persönlichen Geschmack der Schäfer, variieren sie stark in Größe, Körperbau, Fellstruktur und Temperament. Einige Typen eignen sich als Familienhunde, wenn sie ihrem Arbeitseifer und ihrer Intelligenz entsprechend beschäftigt werden. Sehr wohl sehend, dass ein Aussterben nur durch ein gewisses Publikumsinteresse verhindert werden kann, vermittelt die AHH Welpen an geeignete Nicht-Schäfer. Man unterscheidet in: Schafpudel: zotthaarig. Harzer, Siegerländer Fuchs, Westerwälder Kuhhund: mittelgroß, langstockhaarig, fuchsrot. Gelbbacke: mittelgroß, langstockhaarig, schwarz-rot. Schwarzer: schwarz, langstockhaarig. Tiger: alle Schläge mit Merlefaktor. Strobel: meist schwarz mit dichtem Rauhaar. Stumper: alle Schläge mit angeborener Stummelrute.

Oben Fuchs, unten Tiger, unten links Schafpudel

Collie

Schulterhöhe Rüde 56–61 cm, Hündin 51–56 cm

Farben zobel-weiß, tricolour und blue merle

FCI-Nr. 156

Verbreitung sehr häufig

Größe nach US-Standard: Rüde bis 65 cm, Hündin bis 60 cm und kräftiger.

Seine Vorfahren kamen mit den Schafen aus England nach Schottland. Queen Victorias Liebe zum Schottischen Schäferhund und neu aufgekommene Schönheitswettbewerbe spornten die Züchter an, immer elegantere und farbenprächtigere Collies zu züchten. Als erste Hunde wurden Collies im Krieg als Sanitäts- und Meldehunde eingesetzt. Die Einkreuzung von Barsois machte aus dem agilen Farmhund einen gelassenen, edlen Salonlöwen, der sich hervorragend als Familienhund eignet, was seinen Weg als Modehund in den 20er Jahren und Dank Filmhund Lassie in den 60er Jahren ebnete. Der Collie ist ein anpassungsfähiger, ganz auf seine Familie bezogener, unterordnungsbereiter, sehr feinfühliger Hund von großer Intelligenz. Leider wird er oft als Dekorationsstück betrachtet und seine Fähigkeiten verkümmern. Er eignet sich als Rettungs-, Fährten- und Hütehund sowie für Agility und Turniersport. Er ist bis ins hohe Alter verspielt, stets wachsam und im Ernstfall verteidigungsbereit. Leider im Moment züchterischer Trend zu überreichem, pflegeintensivem Fell, was gänzlich rasseuntypisch ist und beim Kauf beachtet werden sollte. Das typische Colliehaar ist pflegeleicht und schmutzabweisend. Guter Anfängerhund mit intaktem Sozialverhalten, der Führung braucht und gut zu mehreren zu halten ist.

Kurzhaar Collie

Schulterhöhe Rüde 56–61 cm, Hündin 51–56 cm

Farben zobel-weiß, tricolour, blue merle mit weißen Abzeichen

FCI-Nr. 296

Verbreitung selten

Merle (auch Tiger) ist eine uralte Hütehundfarbe und keine Modeerscheinung.

Der Smooth Collie ist ein alter britischer Arbeitshund, den schon Bewick 1790 als Cur-Dog abbildet. Farmer bevorzugen auch heute noch einen kurzhaarigen Hund, der bei warmem Wetter ausdauernder arbeitet. Zwar kamen zu Beginn der Rassehundezucht auch Kurzhaar Collies in den Showring, aber im Gegensatz zum Langhaar blieb er der Allzweck-Farmhund. Die drahtige Gestalt, das Selbstbewusstsein und eine gute Portion Mut, um es auch mit einem Bullen aufzunehmen, hat er sich erhalten. Im Schatten des langhaarigen Vetters drohte er in Vergessenheit zu geraten. Heute erfreut sich der elegante Hund mit viel Temperament, großer Intelligenz und Arbeitsfreude wachsender Beliebtheit. Er ist insgesamt agiler und härter im Nehmen als der Langhaar und braucht eine konsequente Führung mit viel sinnvoller Beschäftigung. Er bewährt sich als Katastrophenhund, bei der Arbeit mit Behinderten und im Hundesport. Das kurze, wetterfeste Fell ist pflegeleicht, haart jedoch stark, während sich das Langhaar ausbürsten und leicht von Textilien entfernen lässt. Seine Standardbeschreibung weicht von der des Langhaar Collies bis auf das Fell kaum ab. Als eigenständige Rasse darf er nicht mehr mit dem Langhaar gekreuzt werden.

Border Collie

Schulterhöhe Rüde 53 cm, Hündin etwas weniger

Farbe vielfältig, niemals vorherrschend weiß

FCI-Nr. 297

Verbreitung häufig

Als Show-Rasse kultiviert wurde er in Australien und Neuseeland!

Er stammt aus der Grenzregion zwischen England und Schottland, den „Borders". Seine Arbeitsweise in der geduckten Haltung, die Schafe mit den Augen fixierend und dirigierend, ist einmalig. Er arbeitet unter dem Kommando des Schäfers auf Pfiff, Ruf oder Handzeichen über kilometerweite Entfernungen ebenso gut wie am Pferch oder an der Koppel, wo eigenständiges Handeln gefragt ist, wenn sich der Schäfer mit den Schafen beschäftigt. Hüteverhalten, Arbeitstrieb und Unterordnungsbereitschaft sind dem Border Collie angeboren. Er hat viel Temperament und unglaubliche Ausdauer. Seine Intelligenz ist sprichwörtlich. Er kennt keinen Müßiggang. Trotz seiner Leichtführigkeit und des geringen Pflegeaufwandes ein anspruchsvoller Hund, der sich nützlich machen will, sei es bei der Herde, auf dem Bauernhof, als Bergrettungshund, Katastrophenhund, Fährtenhund oder im Hundesport. Als Superhund für Agility und Obedience wird er regelrecht zum Sportinstrument degradiert. Doch selbst Hochleistungssport ist kein ausreichender Ausgleich. Wer den Arbeitseifer nicht befriedigen kann, hat keine Freude am Border Collie. Leider wird er als Modehund vermarktet und viele Welpen werden in unkundiger Hand zu Problemhunden.

Australian Shepherd

Schulterhöhe Rüde 50–57,5 cm, Hündin 45–52,5 cm

Farbe blue und red merle, schwarz oder rot mit oder ohne weiße und kupferfarbene Abzeichen

FCI-Nr. 342

Verbreitung selten

Auch der Aussie kommt noch mit angeborener Stummelrute vor.

Schafzüchter aus Großbritannien, Frankreich, Spanien nahmen ihre Hütehunde mit in die neue Heimat USA. Mit australischen Schafen kamen Hunde mit starkem Collie- und Dingoeinschlag hinzu. Auf den Viehmärkten, Treffpunkte der Schäfer und Viehzüchter, wurden die Hunde ausgetauscht. So entwickelte sich ein kräftiger, enorm ausdauernder Schaf- und Viehhund für alle Arbeiten, die auf einer kleinen Farm oder großen Ranch anfallen. Er hütet Geflügel und Schafe, bringt das Milchvieh ein, treibt halbwilde Rinder mit den berittenen Cowboys zusammen. Er hilft beim Umgang mit dem Vieh während des Transports usw. Ein Hund für alle Fälle. Nach Europa kam er mit den Westernreitern. Der Aussie ist temperamentvoll, ausdauernd, umgänglich mit Mensch und Tier, dabei wachsam und durchaus verteidigungsbereit. Der leicht zu erziehende Hund lernt schnell. Er braucht eine klare Führung und unbedingt sinnvolle Beschäftigung, sonst wird er wie der Border Collie als echter Workaholic zum Problemhund. Aus diesem Grunde ein sehr anspruchsvoller Hund für aktive, sportliche Menschen mit Hundeverstand, am besten mit Bauernhof. Beliebter Reitbegleithund, da er nicht zum Streunen neigt. Das schlichte Langhaar ist pflegeleicht.

Shetland Sheepdog

Schulterhöhe Rüde 37 cm, Hündin 36 cm

Farbe zobelfarben, tricolour, schwarz und blue merle (mit und ohne lohfarbene Abzeichen), alle weißen Abzeichen

FCI-Nr. 88

Verbreitung selten

Shelties sind sehr sozialverträglich und gut zu mehreren zu halten.

Ursprünglich war er der Hof- und Hütehund auf den Shetland Inseln, die berühmt sind für ihre kleinen Schafe, Rinder und Ponys. Er bewachte den Hof, schützte Gärten und Felder vor gefräßigen Schafen, hielt Ratten und Mäuse kurz. Die kleinen Burschen waren zäh, klug, wendig, schnell und gehorsam. Matrosen kauften sie gerne als Souvenir für ihre Familien. Eine Einnahmequelle witternd, kreuzten die Shetländer sie mit Zwergspaniels, Papillons und Zwergspitzen, um hübsche, bunte Hunde zu liefern. Später kreuzte man Collies zur Typverbesserung ein. Der Sheltie ist ein robuster, kluger, lerneifriger, leichtführiger Hausgenosse und zuverlässiger Wächter. Er liebt Bewegung und Beschäftigung. Er geht ganz auf seine Bezugsperson ein und folgt ihr auf Schritt und Tritt. Fremden gegenüber ist er in der Regel abweisend. Idealer Weggefährte für Menschen, die dem Hund viel liebevolle Aufmerksamkeit schenken wollen. Laute, strenge, harte Menschen sind ungeeignet für diesen sensiblen Hund. Die temperamentvollen, arbeitsfreudigen Shelties sind gute Springer, so dass sie unter den Spitzen-Agility-Sportlern häufig anzutreffen sind. Das schlichte Langhaar ist pflegeleicht und wird einmal in der Woche gründlich gebürstet.

Pyrenäen-Schäferhund

Schulterhöhe Langhaar: Rüde 40–48 cm, Hündin 38–46 cm; Glatthaar: Rüde 40–54 cm, Hündin 40–52 cm

Farbe sandfarben bis rotbraun, schwarz oder grau, Harlekin (buntscheckig)

FCI-Nr. Langhaar 141, Glatthaar 138

Verbreitung häufig

Diese Hunde werden auch in Deutschland auf Hüteveranlagung überprüft.

Als typischer Hütehund des Gebirges treibt der **Berger des Pyrénées à poil long** (langhaarig) in den Pyrenäen Schafe und Ziegen zusammen, wo kein Mensch mehr zu Fuß hingelangt. Der gelehrige quicklebendige Pfiffikus arbeitet mit bewundernswerter Schnelligkeit, Ausdauer und Durchsetzungsvermögen. Dabei gilt er als unbestechlicher Wächter, der schnell anschlägt, aber nicht ausdauernd kläfft. Er ist Fremden gegenüber misstrauisch, in seiner Familie jedoch ein hingebungsvoller Hausgenosse. Die für seine Arbeit erforderliche Eigeninitiative macht seinen besonderen Charme aus, verlangt aber liebevoll konsequente Führung. Dank seiner raschen Auffassungsgabe lässt er sich leicht erziehen und macht alles gerne mit. Hauptsache es ist was los. Er liebt den Aufenthalt im Freien, ist robust und hat eine hohe Lebenserwartung. Ein Hund für aktive Menschen. Das zu leichter Zottenbildung neigende Fell wird gelegentlich gründlich gebürstet. Der sehr viel seltenere stockhaarige Typ (Pyrenäen-Hütehund mit glatthaarigem Gesicht, **Berger des Pyrénées à face rase**) ist pflegeleichter, weniger temperamentvoll und nicht ganz so zurückhaltend. Der größere Schlag lebt eher am Fuße der Pyrenäen und arbeitet dort an der Schafherde und treibt auch Vieh.

Glatthaar

Bearded Collie

Schulterhöhe Rüde 53–56 cm, Hündin 51–53 cm

Farbe schiefergrau, fawn, schwarz, blau, alle Töne von grau, braun oder sandfarben mit oder ohne weiße Abzeichen

FCI-Nr. 271

Verbreitung häufig

Schon der Welpe muss lernen, sich brav auf dem Tisch bürsten zu lassen.

Alter schottischer Hütehund, den man kaum noch bei seiner ursprünglichen Aufgabe antrifft. Als typischer Hütehund der Bergregion treibt er die Schafe von den Bergen in die Täler zu den Sammelplätzen. Die Rasse wäre sicher ausgestorben, wenn sie nicht durch Zufall wieder entdeckt worden wäre. Eine engagierte Züchterin suchte Anfang der 50er Jahre in ganz Großbritannien typische Hunde und baute die Zucht auf. Inzwischen hat sich der rustikale, derb-zottige Hütehund zu einer frisierten Hundeschönheit entwickelt und die Welt erobert. Die Beliebtheit des Beardies (sprich „bierdi") liegt in seinem entzückenden Wesen. Im Gegensatz zum typischen Hütehund ist er ein aufgeschlossener, auch zu fremden Menschen und Tieren freundlicher Hund. Als Wach- und Schutzhund bewährt er sich nur selten. Sein lebhaftes, manchmal lautes Temperament bedarf liebevoller, aber sehr konsequenter Führung, denn er versteht es mit schelmischem Charme, seinen Kopf durchzusetzen. Beardies sind ausgesprochen feinfühlig und gehen auf jede Gemütsregung ihres Menschen ein. Der Bearded Collie kostet Zeit, die Pflege ist aufwändig, und er braucht viel Auslauf und Beschäftigung. Kein Hund für bequeme Menschen und penible Hausfrauen.

Schapendoes

Schulterhöhe Rüde 43–50 cm, Hündin 40–47 cm

Farbe alle Farben zulässig

FCI-Nr. 313

Verbreitung häufig

1971 wurde das Zuchtbuch geschlossen. Bis dahin konnte mit Hunden ohne Abstammungsnachweis gezüchtet werden.

1940 stieß der niederländische Kynologe Toepoel beim Katalogisieren bodenständiger Hunderassen Hollands auf Restbestände des Schapendoes, dem Hütehund der Heideregion. Im ganzen Land wurden typische Exemplare zusammengesucht, überprüft und in die Zucht einbezogen. Erfahrene Züchter und Genetiker bauten die Rasse wieder auf, die 1968 anerkannt wurde. Inzwischen gewinnt der fröhliche Naturbursche weit über die Grenzen hinaus Freunde. Der Schapendoes ist ein freundlicher, verspielter, lebhafter Familienhund. Er ist wachsam ohne Schärfe. Im Hause ist er ruhig und nie nervös, vorausgesetzt er wird beschäftigt und bekommt genügend Auslauf. Der temperamentvolle und arbeitswillige Hund eignet sich sehr gut für Turniersport und Agility. Der gelehrige Bursche will mit Verständnis erzogen werden. Für seinen Herrn tut er alles, aber er will verstehen, wofür und warum. Selbstständiges Arbeiten liegt ihm noch im Blut – gehorchen ja, aber nicht angewiesen sein auf Kommandos. Der Schapendoes ist verträglich mit Artgenossen. Die Pflege ist beim jungen Hund aufwändig, bei korrektem harten Haar wird der erwachsene Hund nur alle zwei Wochen gründlich gebürstet.

Polski Owczarek Nizinny

Schulterhöhe Rüde 45–50 cm, Hündin 42–47 cm

Farbe alle Farben, auch Schecken

FCI-Nr. 251

Verbreitung häufig

Angeborene Stummelruten kommen vor. Solche Tiere dürfen nicht verpaart werden.

Die Reinzucht dieses traditionellen „Polnischen Niederungs-Hütehundes“ in der polnischen Tiefebene begann erst nach dem 2. Weltkrieg. Hundefreunde besannen sich dieses unscheinbaren Hütehundes und veranlassten Bauern und Schäfer, ihre Arbeitshunde der Rassehundezucht zuzuführen. Damit konnten sie vom Aussterben bewahrt werden. Nach der offiziellen Anerkennung im Jahre 1963 verbreitete sich der PON rasch über seine Heimatgrenzen hinaus. Der noch unverfälschte Arbeitshund braucht viel Beschäftigung und Bewegung, er hält sich gerne bei jedem Wetter im Freien auf und ist ein zuverlässiger, energischer Beschützer von Haus und Hof. Er besitzt wenig Neigung zum Streunen und Wildern, Fremden gegenüber ist er im allgemeinen misstrauisch bis abweisend, soll jedoch nie ängstlich oder bissig sein. Der recht dominante, bis ins hohe Alter temperamentvolle Hund braucht eine konsequente Führung, denn er ordnet sich nur dem von ihm anerkannten Rudelführer unter, was ihn für nachgiebige Persönlichkeiten oder Anfänger schwierig machen kann. Das standardgerechte, harsche Ziegenhaar muss regelmäßig gebürstet werden. Der untersetzte, muskulöse Hund besticht durch ein erstaunlich müheloses Gangwerk und reizvolle Farbenvielfalt.

Cao da Serra de Aires und Gos d'Atura

Cao da Serra de Aires

Schulterhöhe Rüde 45–55 cm, Hündin 42–52 cm

Gewicht 12–18 kg

Farbe gelb, braun, grau, lohfarben, wolfsgrau, schwarzmarkenfarbig

FCI-Nr. 93

Verbreitung selten

Gos d'Atura

Schulterhöhe Rüde 47–55 cm, Hündin 45–53 cm

Farbe braun, sandfarben, grau und schwarz mit hellen Abzeichen

FCI-Nr. 87

Verbreitung selten

Ganz sicher besteht eine Verwandschaft zu Bearded Collie, Schapendoes und PON.

Der portugiesische Schäferhund, **Cao da Serra de Aires** (Bild oben und unten rechts), stammt aus der Region südlich des Tejo bis zur Algarve, wo er Ziegen und Schafe, ja sogar Schweine und Stiere hütet. Ursprünglicher, unverfälschter Hütehund voller Arbeitseifer, Temperament und Ausdauer. Er ist sehr wachsam und Fremden gegenüber eher unnahbar, in seiner Familie aber lustig und anhänglich. Er ist sehr gelehrig, braucht aber eine konsequente Führung und einen Menschen, den er als Rudelführer anerkennen kann. Sinnvolle Beschäftigung ist unerlässlich. Das ziegenhaarartige Fell muss regelmäßig gebürstet werden.

Der katalanische Schäferhund, **Gos d'Atura** (Bild unten links), ist das spanische Gegenstück zum französischen Pyrenäenschäferhund. Er stammt aus der Provinz Katalonien, die von der Küste Barcelonas bis zu den Pyrenäen reicht. Hütehund der Bergbauern, für die nicht Schönheit, sondern der robuste, ausdauernde, genügsame Arbeitshund zählt. Daher gibt es regional recht unterschiedliche Typen. Der Gos d'Atura ist gelehrig und umgänglich, immer auf Achse und sehr wachsam. Fremden gegenüber ist er misstrauisch. Robuster Naturbursche, der engen Familienanschluss und Beschäftigung braucht. Das harsche Haarkleid wird gelegentlich gebürstet.

Puli und Pumi

Puli (Bild rechts, unten links)

Schulterhöhe
Rüde 39–45 cm +/-3 cm,
Hündin 36–42 cm +/- 3 cm

Gewicht Rüde 13–15 kg,
Hündin 10–13 kg

Farbe schwarz, weiß, grau, falb und maskenfalb

FCI-Nr. 55

Verbreitung selten

Pumi (Bild unten rechts)

Schulterhöhe Rüde 41–47 cm, Hündin 38–44 cm

Gewicht Rüde 10–15 kg,
Hündin 8–13 kg

Farbe weiß, schwarz, grau, rötlichbraun

FCI-Nr. 56

Verbreitung selten

Beide, der Pumi mehr als der Puli, sind lebhafte, aktionsliebende Hunde.

Puli

Der Puli ist ein alter, noch sehr ursprünglicher Hütehund, überaus intelligent, er lernt schnell und freudig. Er hütet und beschützt alles, was zu seinem Rudel gehört. Der fröhliche, immer aktive Hund passt gut auf einen Bauernhof oder in eine lebhafte Familie. Er ist glücklich, wenn er eine Aufgabe hat und benötigt entsprechend viel Beschäftigung und Auslauf. Das lange Schnürenhaar wird auseinander gezupft. Kämmen und Bürsten entfallen, die Zotten werden aus hygienischen Gründen regelmäßig gewaschen. Die Schäfer scheren die Hunde jedes Jahr mit den Schafen. Wer nicht ausstellen will, kann das Haar auskämmen oder scheren, was Mensch und Hund das Leben erleichtert.

Pumi

Der Pumi ist ein mit anderen Rassen vermischter Abkömmling des ursprünglichen zotthaarigen Hütehundes und heute noch häufig als Arbeitshund auf den Bauernhöfen anzutreffen. Man vermutet Terrier- und Spitzeinschlag. Der ausgesprochen kluge Bursche voller Tatendrang hütet sogar Schweine und wird auch bei der Wildschweinjagd eingesetzt. Auf dem Hof macht er sich als Ratten- und Mäusefänger nützlich. Das grob gelockte Fell haart nicht und ist pflegeleicht. Beide sind außerordentlich wachsam und bellfreudig.

Tibet Terrier

Schulterhöhe Rüde 36–41 cm, Hündin etwas kleiner
Farbe alle außer schokoladen- und leberbraun
FCI-Nr. 209
Verbreitung häufig

Die kleinen zotthaarigen Hunde findet man heute noch im Himalayagebiet.

Der Tibet Terrier ist eine irreführende westliche Bezeichnung, besser passte Tibet Apso (apso = „überreich behaart"). Er ist ein typischer Berghütehund wie die sehr ähnlichen Rassen in Europa. Seine Heimat ist das bis 5.000 m hohe Hochplateau von Tibet, wo man seine Spuren über 2000 Jahre zurückverfolgen konnte. Während die anderen tibetischen Kleinhunde gehegt und gepflegt wurden, war der Tibet Terrier der Arbeitsgefährte der Bauern und Viehzüchter, der sich mit seinen Menschen in rauen Lebensbedingungen unter extremen Klimaverhältnissen durchschlagen musste. In den 20er Jahren des 20. Jh. erhielt die in Indien arbeitende Ärztin Dr. Agnes Greig für eine gelungene Operation von einer wohlhabenden Tibeterin einen Hund, der sie so faszinierte, dass sie sich der Zucht verschrieb und die Rasse in Europa etablierte. Der Tibet Terrier ist lebhaft, verspielt, intelligent und gelehrig. Er passt sich allen Lebensumständen bestens an. Enger Familienkontakt wird vorausgesetzt. Der fröhliche Begleiter liebt Bewegung und Beschäftigung. Er ist wachsam, aber kein unnötiger Kläffer. Das lange Haar ist besonders beim Junghund pflegeintensiv. Die Lebenserwartung ist hoch.

Treib-, Hof- und Bauernhunde

Links: Der Berner Sennenhund ist auch heute noch ein zuverlässiger Hofhund.

Rechts: Der Appenzeller Sennenhund ist der typische agile, selbstbewusste Treiber, der Beschäftigung liebt.

Unten: In der Jugend ungestüm und immer in Aktion: der Briard

› Treibhunde

Ehe es Eisenbahn und LKW-Verkehr gab, wurde die leicht verderbliche Ware Fleisch lebend auf den eigenen Beinen transportiert. Viehhändler sammelten bei den Bauern alles, was zu Markte gehen sollte, ein: Schweine, Rinder, Schafe, Ziegen, Pferde, ja sogar Gänse, und trieben sie oft Hunderte von Kilometern weit zu den großen Märkten der aufblühenden Städte. Hierzu brauchte man einen Hund, der die Herden zusammenhielt, sie sicher über Hindernisse wie Brücken oder Furte trieb, verhinderte, dass sie in unerlaubtes Weideland einbrachen und beim Durchqueren von Dörfern Schaden anrichteten. Das Vieh musste zügig vorangetrieben werden und sollte unverletzt und gut in Schuss ankommen. Es war harte Arbeit für harte Menschen und harte Hunde. Die Herden bestanden aus verstörten Tieren, die aus ihren Familien und ihrer vertrauten Umgebung herausgerissen wurden. Um sie sicher zu führen, musste sich der Hund Respekt verschaffen und dabei selbstständig arbeiten. Hier finden wir die Rolle des Jägers, der die Beute treibt, stellt und festhält. Er legte auf der Strecke ein Vielfaches des Weges zurück, da er ständig da und dort sein musste. Ausdauer, Wendigkeit und Spurtstärke waren gefragt. Nur ein sehr muskulöser und kräftiger Hund konnte dies bei oft dürftiger Ernährung und grober Behandlung überstehen. Außerdem schützte der Treibhund vor zwei- und vierbeinigen Dieben, auf dem Hinweg das Vieh und auf dem Rückweg den Erlös.

Diese Hunde gehen ursprünglich auf die alten Herdenschutzhunde und Saupacker zurück, die als Hofhunde Besitz

schützten, das Vieh von den Weiden zu den Ställen trieben und Karren zogen. Hatte einer das Zeug dazu, nahm ihn der Treiber mit. Auf den Märkten übernahmen die

Metzger mit ihren Hunden das Vieh, denn auch sie waren auf deren Hilfe angewiesen.

› Hof- und Bauernhunde

Der Bauer brauchte einen Hund, der den Hof und alles was darauf lebte, als sein Eigentum betrachtete und keine Neigung zeigte, sich zu entfernen, um zu streunen oder zu wildern. Der Hofhund hatte da zu sein, zu wissen, was er zu tun hatte, um dem Bauern Arbeit abzunehmen. Er lernte vom Althund, bekam eindeutige Hinweise vom Bauern, wenn er etwas falsch machte, und der erwachsene Hund wusste genau, was er durfte, sollte und zu lassen hatte. Der Junghund lernte, dass mit dem Chef des Hauses nicht zu spaßen war und respektierte ihn.

All das, was wir dem Familienhund heute abverlangen, war dem Bauernhund fremd. Der Hund kam als Welpe auf den Hof und blieb da, bis er starb. Er lernte früh seine überschaubare Welt kennen und fühlte sich dort sicher. Selten blickte er jemals ins Innere des Wohnhauses. Unterordnungsübungen wie bei Fuß gehen, Sitz und Platz waren unnötig. Natürlich lernte der Hund Kommandos, aber im Zusammenhang mit seiner Arbeit. Sie machten für ihn Sinn. Der Hund führte ein eigenständiges Leben, freute sich über freundliche Zuwendung seiner Menschen, bekam Futter und wurde versorgt, aber er wurde nicht reglementiert. Wenn angebracht, kam er an die Kette oder wurde weggesperrt. Ansonsten lief ein guter Hund immer frei und passte auf, dass alles seine Ordnung hatte. Ein Aufmerksamkeit heischender Hund, der beschäftigt werden wollte, war fehl am Platz.

Die Rassehundezucht hat uns einige der alten Treib- und Hofhundrassen bewahrt. Es sind kräftige, dominante, nicht allzu sensible und stark territorial orientierte Hunde. Dank ihres ausgeprägten Selbstbewusstseins sind sie souverän, nicht leicht aus der Fassung zu bringen und wissen sehr wohl, wann es ernst ist und sie eingreifen müssen. Bei mittlerem Temperament hält sich ihr Bewegungsdrang in Grenzen. Erwachsen sind sie pflichtbewusst, spielen kaum, sind Fremdem gegenüber misstrauisch und auf konkurrierende Artgenossen selten gut zu sprechen. Als Jungtiere müssen sie umweltgeprägt werden und lernen, sich in der Familie unterzuordnen. Das Verhalten ist durch selektive Zucht unterschiedlich ausgeprägt, und es gibt Übergangsformen zum Hüte- und Treibhund, die grundlegenden Wesenszüge blieben jedoch weitgehend erhalten.

Rottweiler

Schulterhöhe Rüde 61–68 cm, Hündin 56–63 cm

Gewicht Rüde ca. 50 kg, Hündin ca. 42 kg

Farbe schwarz mit rotbraunen Abzeichen

FCI-Nr. 147

Verbreitung sehr häufig

Der Rottweiler gehört zu den anerkannten Diensthunderassen.

Im schwäbischen Rottweil trafen sich schon zur Römerzeit die Viehhändler mit ihren Herden. Aus den unerschrockenen und robusten Treibhunden, die mit den Herden zu den Märkten kamen, züchteten die ortsansässigen Metzger die „Rottweiler“, die ihnen beim Umgang mit dem Schlachtvieh halfen und auch nicht vor panischen Bullen zurückschreckten. Der starke, temperamentvolle Rottweiler besticht durch ein leicht federndes Gangwerk, das Kraft und Ausdauer gepaart mit Wendigkeit ausstrahlt. Er ist nervenfest, sehr souverän, und sein Misstrauen gegen Fremde ist stark ausgeprägt. In seinem Freundeskreis ist der Rottweiler freundlich, verschmust und anhänglich. Arbeitsfreude und Schneid machen ihn zu einem beliebten Sporthund für die Vielseitigkeitsarbeit. Rottweiler brauchen eine konsequente, einfühlsame Erziehung, die keine Zweifel aufkommen lässt, dass der Mensch die Führungsrolle fest im Griff hat. Welpen müssen früh lernen, sich unterzuordnen. Das bedeutet für die Besitzer, Hundeverhalten konsequent zu leben, um vom Hund anerkannt zu werden. Ist der Hund erst erwachsen und spielt eine dominante Rolle in der Mensch-Hund-Gemeinschaft, wird es schwer, sie ihm wieder abzuringen. Als typischer Treibhund ist er kein Hund für Anfänger. Pflegeleicht.

Bouvier des Flandres

Schulterhöhe Rüde 62–68 cm (ideal 65 cm), Hündin 59–65 cm (ideal 62 cm)

Gewicht Rüde 35–40 kg, Hündin 27–35 kg

Farbe falb oder grau, gestromt oder rußig, schwarz

FCI-Nr. 191

Verbreitung häufig

Auch der Bouvier gehört zu den anerkannten Diensthunderassen.

Dieser alte Viehtreiber- und Metzgershund stammt aus Flandern, das sich an der Küste von Holland bis Nordfrankreich erstreckt. Der Flandrische Treibhund oder Vlaamse Koehond, wie er auch genannt wird, war ein zottiger, derber Hund, dem züchterisch wenig Beachtung geschenkt wurde und der unter härtesten Lebensbedingungen arbeiten musste. Erst 1912 wurde der Rassestandard erstellt und die planmäßige Zucht aufgenommen. Im I. Weltkrieg kamen die meisten Hunde um, so dass ein mühseliger Aufbau erfolgte. Der Berger Picard soll eingekreuzt worden sein. In den 70er Jahren kam der Bouvier nach Deutschland, wo er rasch Freunde fand. Der starke, robuste, vitale Hund ist intelligent und lernt gerne, doch sein Temperament und Selbstbewusstsein fordern eine konsequente, sorgfältige Erziehung. Er ist ein ausgezeichneter Wach- und Schutzhund, dabei sollte er nicht unnötig aggressiv sein, doch Fremden gegenüber ein gesundes Misstrauen bewahren. Welpen müssen sorgfältig sozialisiert werden und lernen, sich unterzuordnen. Kein Hund für hundeunerfahrene und bequeme Menschen. Der Bouvier braucht Bewegung und eine Aufgabe. Das ruppige Fell wird regelmäßig gründlich gebürstet und leicht in Form getrimmt.

Entlebucher und Appenzeller Sennenhund

Entlebucher (Bild rechts)

Schulterhöhe Rüde 44–50 cm, Hündin 42–48 cm

Farbe schwarz mit gelb- bis rostbraunen Abzeichen

FCI-Nr. 47

Verbreitung häufig

Appenzeller (Bild unten)

Schulterhöhe Rüde 52–56 cm +/- 2 cm, Hündin 50–54 cm +/- 2 cm

Farbe schwarz oder havannabraun mit rostbraunen und weißen Abzeichen

FCI-Nr. 46

Verbreitung selten

Beim Entlebucher kommen auch angeborene Stummelruten vor.

Uralte Treib- und Bauernhunde, benannt nach ihrer Heimatregion in der Schweiz. Ende des 19. Jh. wurden die im Typ ähnlichen Lokalschläge als separate Rassen erfasst und nach festgelegten Kriterien, die Unterschiede betonten, gezüchtet. Der **Entlebucher** war 1924 beinahe ausgestorben. Heute findet der handliche, pflegeleichte Hund mit dem freundlich-klugen Gesichtsausdruck und mäßigem Temperament immer mehr Freunde unter den Menschen, die mit ihrem Hund etwas anfangen wollen, ohne sich mit einem großen Hund zu belasten. Er ist stets aufmerksam, lernt schnell und willig, hat ein unerschrockenes Wesen mit gutem Wach- und Schutztrieb.

Den **Appenzeller** trifft man heute noch beim Viehtrieb an. Er ist lebhaft und arbeitsfreudig, misstrauisch gegenüber Fremden und insgesamt agiler und fordernder als der Entlebucher. Zwar haben sich diese typischen Hofhunde inzwischen als Begleithunde fest etabliert und an unser modernes Leben gut angepasst, doch sie verleugnen ihr Erbe nicht, sind sehr selbstbewusst und neigen zur Dominanz. Wer damit umzugehen weiß und unmissverständlich Rudelchef ist, findet einen freudigen Gefährten im Hundesport. Beide Rassen sind für Menschen mit Hundeverstand robuste Kumpel von handlicher Größe mit pflegeleichtem Fell.

Australian Cattle Dog

Schulterhöhe Rüde 46–51 cm, Hündin 43–48 cm

Farbe blau- oder rotfleckig

FCI-Nr. 287

Verbreitung selten

Der Austalien Cattle Dog paßt sich unserem Klima gut an.

Der Viehtreibhund schlechthin wurde erst in jüngster Vergangenheit in den unendlichen Weiten Australiens durch das Treiben per Motorrad und Hubschrauber ersetzt. Auf den Farmen ist er nach wie vor unentbehrlich bei der Arbeit an den Pferchen und beim Verladen des Viehs. Britische Siedler brachten Collies mit nach Australien. Die Arbeit im trockenheißen Innenland und der Umgang mit den halbwilden Rindern fiel ihnen schwer, und man kreuzte den Wildhund Dingo ein, um einen widerstandsfähigeren Hund zu bekommen. Später kamen vermutlich Bull Terrier, Dalmatiner und Kelpie-Kreuzungen hinzu. Die Welpen werden weiß geboren und bekommen später ihre charakteristische Färbung. Idealer Viehzüchterhund, der trotz seines gedrungenen Körperbaus ausgesprochen wendig ist. Der kraftvolle Hund ist stets aufmerksam, außerordentlich intelligent, wachsam, mutig und besitzt ein zuverlässiges Pflichtbewusstsein. Misstrauisch gegen Fremde, ist er ein unbestechlicher Beschützer der Familie. Er braucht eine Aufgabe. Der selbstbewusste Hund lernt schnell, braucht aber eine gute Führung, dann lässt er sich vielseitig im Hundesport einsetzen. Der in seiner Heimat beliebte Familienhund fasst in Europa allmählich Fuß.

Berner Sennenhund

Schulterhöhe Rüde 64–70 cm (ideal 66–68 cm), Hündin 58–66 cm (ideal 60–63 cm)

Farbe tiefschwarz mit braunrotem Brand und weißen Abzeichen an Kopf, Brust und Pfoten

FCI-Nr. 45

Verbreitung sehr häufig

Um Skelettschäden zu vermeiden, Jungtiere sorgfältig ernähren und bewegen!

Er geht zurück auf die Schweizer Treib- und Bauernhunde. Seine Beliebtheit verdankt er nicht nur seiner farbenfrohen Schönheit, sondern auch seinem angenehmen Charakter. Er streunt nicht, ist freundlich, arbeitswillig, will aber nicht ständig beschäftigt werden, ist wachsam aber nicht aggressiv. Der Berner geht gerne spazieren, jedoch hält sich sein Bewegungsdrang in Grenzen, so dass er auch für bequemere Menschen ein guter Begleiter ist, solange er seine Aufgabe am Haus als Wächter wahrnehmen kann und Kontakt zu seinen Menschen hat. Er liebt den Aufenthalt im Freien und ist kein Wohnungshund. Der junge, sehr ungestüme Hund bedarf konsequenter, liebevoller Erziehung. Natürlich verleugnet der Berner seine Herkunft nicht, und er muss als Welpe lernen, sich unterzuordnen. Versäumt man dies vornehmlich beim Rüden, wird er die Führungsrolle übernehmen und durchsetzen, was bei einem solch kräftigen, selbstbewussten Hund unbedingt vermieden werden muss. Ein gut geprägter Berner eignet sich gut zur Ausbildung als Begleit-, Fährten- und Katastrophenhund. Das schlichte, lange Haarkleid ist pflegeleicht. Leider wird er vermarktet, deshalb sorgfältig einen Züchter gesunder Hunde wählen!

Großer Schweizer Sennenhund

Schulterhöhe Rüde 65–72 cm, Hündin 60–68 cm

Farbe schwarz mit braunrotem Brand und weißen Abzeichen

FCI-Nr. 58

Verbreitung häufig

Da sehr revierbewußt, ist insb. der Rüde Artgenossen gegenüber unduldsam.

Als Ende des 19. Jh. in der Schweiz die einzelnen Rassen katalogisiert wurden, um sie rein weiterzuzüchten, traf 1908 der bekannte Kynologe Prof. Heim auf einen „kurzhaarigen" Berner Sennenhund, sah darin eine eigene Rasse und nannte sie Großer Schweizer Sennenhund. Die Tatsache, dass er ein Einzelexemplar zur Rasse hochstilisierte, führte zu einer recht kleinen Zuchtbasis, die ihr heute noch zu schaffen macht. Der imposante Bursche ist ein typischer Hofhund, er ist nicht unterordnungsbereit und muss von klein an lernen, sich zu unterwerfen und ins Rudel zu integrieren. Er ist deshalb kein Hund für Anfänger. Für ihn spricht sein als erwachsener Hund ausgeglichenes Wesen mit gutem Schutztrieb, ohne überaggressiv zu sein. Er braucht Platz und engen Familienanschluss, gehört jedoch nicht zu den Hunden, die ständig beschäftigt werden wollen und ist nicht besonders lauffreudig. Er hält sich gerne in Hof und Garten auf, ohne zu streunen. Wetterhart, pflegeleicht und genügsam ist er auch heute noch der ideale Wächter für einsame Anwesen und Bauernhöfe. Er besitzt eine gute Nase und lässt sich, wenn er seinen Menschen als Chef anerkennt, zum Begleithund, Rettungs- und Lawinenhund ausbilden.

Schwarzer Terrier

Schulterhöhe Rüde 66–72 cm, Hündin 64–70 cm

Gewicht Rüde ca. 50 kg, Hündin ca. 40 kg

Farbe schwarz oder schwarz mit grauen Haaren

FCI-Nr. 327

Verbreitung häufig

Das leicht gewellte Haar ist leicht zu pflegen und wird etwas in Form geschnitten.

Bei Ende der Weltkriege nahmen die Russen die erbeuteten Diensthunde des deutschen Militärs mit und integrierten sie in ein staatliches Zuchtprogramm, das Wach- und Schutzhunde für die vielen Gefangenenlager Stalins produzierte. Man wollte einen idealen Diensthund für Zoll und Militär durch die Verpaarung von Airedale, Rottweiler und Riesenschnauzer mit einheimischen schwarzen Schnauzer/Terriertypen züchten. Vom Airedale erhoffte man sich Ausdauer und Führigkeit, vom Riesenschnauzer Größe und Schärfe, vom Rottweiler kraftvollen Körperbau und ausgeglichenes Wesen. Der Tchiorny Terrier genannte Hund erwies sich als anpassungsfähig an die verschiedenen Klimate des großen Landes, robust, gelehrig und leicht auszubilden. Man schätzt sein festes Nervenkostüm, schnelles Reaktions- und Auffassungsvermögen sowie Verteidigungsbereitschaft ohne unerwünschte Schärfe. Da der Hund aber eine enge Bindung zu seiner Bezugsperson eingeht, war er für die vorgesehenen Aufgaben als Diensthund mit wechselnden Führern nicht geeignet, so dass die Zucht seitens der Behörden aufgegeben und in Privathand fortgesetzt wurde. Fortan selektierte man auf einen ausgeglichenen, führigen Familienbegleithund, was dem Schwarzen auch außerhalb seiner Heimat Freunde einbrachte. Er braucht engen Familienanschluss, Zuwendung und Beschäftigung. Der sympathische Hund liebt den Aufenthalt im Freien und ist kein Stadthund. Fremden gegenüber ist er misstrauisch und seiner eigenen Bezugsperson treu ergeben. Gelegentlich gibt es noch Rückschläge auf die vom Militär bevorzugten scharfen Hunde, die zwar unerwünscht sind, aber noch vorkommen. Deshalb beim Welpenkauf darauf achten, dass alle Hunde des Züchters gutartig und die Welpen auf Menschen geprägt sind.

Riesenschnauzer

Schulterhöhe 60–70 cm
Gewicht 35–45 kg
Farbe schwarz, pfeffersalz
FCI-Nr. 181
Verbreitung sehr häufig

Regelmäßig getrimmt ist der Hund sehr pflegeleicht und haart nicht.

Der größte Spross der Schnauzerfamilie stammt von den bayerischen Bauern- und Metzgershunden ab. Man nannte ihn „Russenschnauzer", „Bären-" und schließlich „Münchener Schnauzer" oder bezeichnete den großen, rauhaarigen Beschützer der Brauereiwagen als „Bierschnauzer". Welche Rassen bei der „Veredlung" des Riesen beteiligt waren, wird man nie erfahren. Man spricht von Dogge, Pudel und Schnauzer. Er ist ein temperamentvoller Draufgänger und trotzdem ruhig und besonnen, ein unerschrockener Hund mit gutartigem Charakter und zuverlässigem Schutztrieb. Der Respekt einflößende Riese hat ein weiches Herz und braucht engen Kontakt zum Menschen bei einer konsequenten Führung ohne unnötige Härte, die Geduld und Hundeverständnis erfordert. Ein erstklassiger, aber nicht leichtführiger Sporthund und großartiger Familienhund, wenn man ihn zu nehmen weiß. Er braucht Beschäftigung und Bewegung und ist kein Hund, der einfach nur in der Familie mitläuft. Er fordert seinen Anteil an Zuwendung und Aufgaben und muss von klein an lernen, sich unterzuordnen. 1925 wurde der Riesenschnauzer offiziell als Diensthund anerkannt und wird gelegentlich bei der Polizei als Diensthund, Sprengstoffsuchhund und im Katastropheneinsatz geführt. Kein Hund für Anfänger.

Welsh Corgi Pembroke und Cardigan

Schulterhöhe Pembroke 25–30 cm, Cardigan 30 cm

Gewicht Pembroke Rüde 10–12 kg, Hündin 9–11 kg

Farbe Pembroke rotbraun sable, rehfarben, schwarz und tan, mit oder ohne weiße Abzeichen; Cardigan alle Farben außer überwiegend weiß

FCI-Nr. Pembroke 39, Cardigan 38

Verbreitung selten

Beim Pembroke kommen auch angeborene Stummelruten vor.

Oben Welsh Corgi Pembroke, unten Cardigan

Ich halte den Corgi für die kurzbeinige Variante des Welsh Heelers, dem walisischen Treibhund. Verkürzte Laufknochen sind eine bei Hunden nicht selten vorkommende Laune der Natur, die sich die Menschen zunutze machten und weiterzüchteten. Der Welsh Heeler starb als Treibhund für lange Strecken aus. Der Corgi überlebte als Hofhund. Dank seiner kurzen Beine konnte er störrische Bullen in die Hacken kneifen und sich blitzschnell unter den ausschlagenden Rinderhufen wegducken. Er hielt Ratten und Mäuse kurz. Zudem ist der Corgi wachsam und sehr wohl in der Lage, einen Eindringling in die Flucht zu schlagen. Der mittelgroße Hund auf kurzen Beinen ist immer aufmerksam, immer im Dienst. Der intelligente, selbstbewusste Bursche braucht eine konsequente Erziehung und sinnvolle Beschäftigung. Er stellt die Rangordnung in der Familie gern infrage und muss von klein an lernen, sich unterzuordnen. Dann ist er gehorsam, anhänglich und verspielt. Es gibt zwei Varianten, die aus einem ursprünglichen Typ herausgezüchtet wurden: Der Cardigan ist insgesamt kräftiger, im Temperament gelassener, hat immer eine lange Rute und kommt in allen Farben vor. Der Pembroke ging als Lieblingshund der englischen Königin in die Geschichte ein.

Old English Sheepdog

Schulterhöhe mind. 61 cm, Hündin mind. 56 cm

Farbe alle Schattierungen von grau, blau oder blue merle mit oder ohne weiße Abzeichen

FCI-Nr. 16

Verbreitung häufig

Angeborene Stummelruten sind selten. Die Wolle lässt sich gut verspinnen.

Der Bobtail (Stummelschwanz) oder Altenglische Schäferhund gehört zu den zotthaarigen Hirtenhunden. Mit Ausrottung des Wolfes in seiner Heimat wurde er zum Viehtreiber umfunktioniert. Als er auch da arbeitslos wurde, hatte ihn längst die Rassehundezucht vor dem Aussterben gerettet. Schauzüchter schufen eine frisierte Hundeschönheit, die in aller Welt zum Werbeobjekt avancierte. Leider passt die Frisiererei so gar nicht zu dem kraftvollen, robusten, selbstbewussten Hund, der sein Treibhunderbe nicht verleugnet. Er muss früh lernen sich unterzuordnen, mit viel Liebe und Konsequenz erzogen werden und braucht engen Familienanschluss, ist wachsam ohne aggressiv zu sein, lebhaft und sehr intelligent, doch manchmal recht dickschädelig. Aufgrund seiner starken Persönlichkeit und des enormen Pflegeaufwandes darf er niemals unbedacht angeschafft werden. Haushunde brauchen etwa vier Stunden Pflegezeit in der Woche, bei schlechtem Wetter bzw. Ausstellungshunde deutlich mehr. Arbeitsfreudiger Hund, der sich für vielerlei Aufgaben eignet, Bewegung und Beschäftigung bei jedem Wetter braucht. Wachsam mit charakteristisch schepperndem Gebell. Kein Hund für bequeme Menschen und Sauberkeitsfanatiker, es sei denn man entschließt sich zur Schur.

Französische Hütehunde

Briard

Schulterhöhe Rüde 62–68 cm, Hündin 56–64 cm

Farbe schwarz, grau, fauve (blond bis braun), ohne weiße Abzeichen

FCI-Nr. 113

Verbreitung häufig

Beauceron

Schulterhöhe Rüde 65–70 cm, Hündin 61–68 cm

Farbe schwarzrot (bas-rouge) und Harlekin (grauge-fleckt, grau, schwarz rot)

FCI-Nr. 44

Verbreitung selten

Picard

Schulterhöhe Rüde 60–65 cm, Hündin 55–60 cm

Farbe grau, grauschwarz, graublau, rötlich-grau, helles oder dunkles Fauve oder ein Gemenge aus diesen Farben

FCI-Nr. 176

Verbreitung selten

Die Harlekinfarbe beruht auf dem sog. Merlefaktor, einer Farbverdünnung.

Sie begleiteten große Herden im Nordwesten Frankreichs und eigneten sich für alle Aufgaben, die der Umgang mit Schafen und Rindern erforderte. Selbstverständlich bewachten sie auch Haus und Hof. Die Hunde sind sehr intelligent und lerneifrig, ordnen sich aber nur unter, wenn sich der Mensch als kluger und souveräner Rudelführer erweist. Der Junghund muss lernen sich zu unterwerfen und an unterer Stelle ins Rudel einzuordnen, versäumt man das, verteidigt der erwachsene Hund seine Rolle. Die Hunde sind sehr kräftig und temperamentvoll, was die Erziehung nicht einfacher macht. Wer es versteht, diese Hunde zu führen, hat einen wunderbaren Gefährten, der alles beherrscht, was man einem Arbeitshund abverlangen kann, von Agility bis hin zum Katastrophenhund.

Der **Briard** (Berger de Brie) hat es dank seines attraktiven Fells zu einiger Beliebtheit gebracht, doch sollte er nie des Aussehens wegen angeschafft werden. Er ist kein Hund für Anfänger. Inzwischen ist das lange Fell nicht mehr pflegeleicht wie einst beim Bauernhund. Beim Junghund

Linke Seite oben Briard, unten Beauceron,
diese Seite oben Beauceron (Harlekin), unten Picard

verfilzt es leicht, und der Welpe muss lernen, sich auf einem Tisch überall am Körper pflegen zu lassen. Das ist wichtig für die Erziehung und später eine große Erleichterung bei der Pflege.

Der **Beauceron** (Berge de Beauce) ist in Frankreich ein beliebter Diensthund. Auch seine Erziehung erfordert Konsequenz und liebevolles Einfühlungsvermögen. Ein nervenfester Begleiter und trotz angeborener Schärfe, aufgrund seiner Selbstsicherheit, kein gefährlicher Hund. Bei falscher Aufzucht und Erziehung kann er allerdings unberechenbar werden. Im Hause ist er ruhig, bei der Arbeit aufmerksam und eifrig. Er braucht eine Aufgabe, die ihn auslastet.

Der **Berger Picard** ist trotz seines angenehmen Charakters sehr selten. Er will freundlich, aber konsequent erzogen werden und ist insgesamt leichter zu führen als die beiden anderen. Ein echter Outdoor-Hund für sportliche Menschen.

Hirtenhunde

Links: Noch heute in Italien unentbehrlich, der Maremmano Abruzzese

Rechts: Der ungarische Komondor - ein typischer Hirtenhund der Steppe

Ganz rechts: Polski Owczarek Podhalanski in seiner Funktion als Wachhund

Unten: Der Mastin Espanol sichert die Umgebung.

Hirtenhunde gehören zu den ältesten Begleitern der Menschen. In dem Moment, in dem der Mensch begann seine Beute nicht mehr zu jagen, sondern unter seiner Obhut zu züchten und damit jederzeit Zugriff auf lebenswichtige Dinge wie Milch, Fleisch, Fell, Wolle usw. hatte, musste er diese Tiere vor Raubtieren und räuberischen Menschen schützen. Ohne Hunde hätte der Mensch diesen wichtigen Schritt in seiner kulturellen Entwicklung nicht vollziehen können! Als der Wolf in Europa weitestgehend ausgerottet war, brauchte man die großen starken Hunde nicht mehr. Einige blieben als Schutzhunde auf den Anwesen. Nur in den entlegensten Gebirgsregionen Europas, wo Wolf und Bär überlebten, blieben die Hunde bei den Herden.

Einige Rassen wurden im Zuge der Rassehundezucht Ende des 19. Jh. erfasst und außerhalb ihres ursprünglichen Wirkungskreises gezüchtet und damit gerettet. Mit der Verbreitung des Wolfes durch den Fall des Eisernen Vorhangs und intensive Schutzbemühungen gewinnt der Hirtenhund heute wieder an Bedeutung.

Der Hirtenhund ist seiner Tradition noch stark verwurzelt, nur wenige wurden in den letzten Jahrzehnten abseits der Herden als Begleithunde gezüchtet und unseren Erfordernissen angepasst. Trotzdem sind die wesentlichen Merkmale noch immer, wenn auch nicht so deutlich, vorhanden. Am ausgeprägtesten ist der Territorialinstinkt, gering Jagd- und sozialer Rudelinstinkt, selbst der Sexualinstinkt spielt eine untergeordnete Rolle. Der Hirtenhund arbeitet, wenn der Mensch schläft. Er wird bei der Herde geboren, betrachtet sie als sein Eigentum, seine Nahrungsgrundlage, die er gegen alles und jeden verteidigt und niemals verlässt. Der Mensch füttert den Hund, damit er sich nicht an seinem „Lebendvorrat" bedienen muss, aber der Hund ist nicht an den Hirten gebunden. Er wäre wertlos, wenn er seinem Herrn nachliefe. Der Hirte schätzt den Hund und seine Arbeit, denn sie sichert seine Existenz, und er stellt niemals die Position des Hundes infrage. Er verlangt vom Hund weder Gehorsam noch Unterordnung. Mancherorts leben die

Hunde mit den Schafen, der Hirte kommt nur einmal am Tag vorbei, melkt, sieht nach dem Rechten, füttert den Hund. In anderen Regionen ist der Hirte ständig bei den Herden, wo das Verhältnis Mensch-Hund inniger sein kann.

Der Hirtenhund hat eine wichtige Aufgabe zu erfüllen, d.h. er wird erwachsen und stellt sich der Verantwortung. Damit ist die Zeit der jugendlichen Unsicherheit, Spiele und Späße für ihn vorbei. Hat er es als Welpe nicht gelernt, ordnet er sich nun nicht mehr unter. Der große, starke, reaktionsschnelle Hund ist dann kaum noch kontrollierbar und bereit, seine Position gegenüber den Familienmitgliedern notfalls mit den Zähnen durchzusetzen. Er ist tagsüber ruhig, introvertiert und wird abends deutlich aufmerksamer. Er verlässt sein Territorium nur ungern, ist Fremden gegenüber misstrauisch und verteidigt sein Eigentum gegen jeden Eindringling. Fremde Hunde duldet er nicht in seinem Revier, das so groß ist, wie er es auf regelmäßigen Spaziergängen immer wieder markieren kann. Dabei spielt das Geschlecht oft keine Rolle. Der souveräne Hund entscheidet selbst, wann sein Eingreifen bei echter oder vermeintlicher Gefahr notwendig ist und reagiert blitzschnell. Das macht ihn für den Laien unberechenbar. Im fremden Revier wirkt er eher unsicher, denn er weiß, dass er hier nichts verloren und nichts zu verteidigen hat. Hirtenhunde sind echte Naturburschen und lieben den Aufenthalt im Freien. Sie beschützen alles, was wir ihnen anvertrauen. Voraussetzung für die Haltung eines Hirtenhundes ist genaue Kenntnis um die Eigenschaften, eine natürliche Autorität im Umgang mit Hunden, Kenntnis in Hundeverhalten und ein großes, sicher eingezäuntes Grundstück. Allerdings sind Hündinnen in der Regel bedeutend umgänglicher als Rüden. Der Hund eignet sich nicht für eine beengte Haltung in der Stadt und sportliche Aktivitäten, er braucht kein Entertainment durch seinen Besitzer. Unter den genannten Voraussetzungen ein guter Hund für Menschen, die den Hund zwar um sich haben, aber sich nicht ständig mit ihm beschäftigen können.

Hirtenhunde
Kuvasz > 51
Slovensky Cuvac > 50
Polski Owczarek Podhalanski > 50
Pyrenäen Berghund > 50
Mastin de los Pirineos > 50
Kaukasischer Ovtcharka > 49
Do Khy > 49
Anatolischer Hirtenhund > 49

Abkömmlinge
Landseer > 53
Neufundländer > 52
Hovawart > 46
Leonberger > 47
St. Bernhardshund > 48

Hovawart

Schulterhöhe Rüde 63–70 cm, Hündin 58–65 cm

Farbe blond, schwarz und schwarzmarkenfarbig

FCI-Nr. 190

Verbreitung sehr häufig

Das leicht gewellte Langhaar mit nur wenig Unterwolle ist pflegeleicht.

In der Literatur des Mittelalters wird der „Hovewart" – der Hofwächter – beschrieben und auf alten Darstellungen ein langhaariger, hängeohriger, großer, wehrhafter Hund abgebildet. Kurt F. König ließ sich davon inspirieren und kreuzte Anfang des 20. Jh. Bauernhunde aus Harz und Odenwald mit Hirten- und Sennenhunden, Neufundländern, zotthaarigen Schäferhunden und solchen unbekannter Herkunft. 1922 wurde der erste Wurf eingetragen, 1937 die Rasse anerkannt. Seit 1964 gehört der Hovawart zu den anerkannten Diensthunderassen. Hovawarte führen noch immer einen hohen Anteil Hirtenhund/Bauernhund-Blut, was sich in ihrem ausgeprägten Territorialverhalten und recht geringer Unterordnungsbereitschaft ausdrückt. Dazu kommt jahrelange Zuchtauslese für den Schutzhundsport und Diensthund auf Schärfe und Härte. Inzwischen ist der umgängliche Begleithund Zuchtziel. Hovawarte sind heute in den unterschiedlichsten Temperamenten anzutreffen. Sie brauchen viel Bewegung und Beschäftigung und sind ungeeignet für bequeme Menschen oder ein Stadtleben. Kenntnisse in Hundeverhalten sind nötig, um dem selbstbewussten Hund von klein an eine untergeordnete Stellung im Rudel zu vermitteln. Das ist nicht leicht und bedarf Erfahrung und Konsequenz. Gelingt das, ist der arbeitsfreudige, sehr intelligente Hovawart für Hundesport, aber auch für ernsthafte Aufgaben wie Rettungs- und Lawinenhund geeignet und ein fröhlicher, liebenswerter Begleithund, der engen Kontakt zu seinen Menschen braucht.

Leonberger

Schulterhöhe Rüde 72–80 cm (ideal 76 cm), Hündin 65–75 cm (ideal 70 cm)

Farbe löwenfarbig, gold- bis rotbraun, sandfarben mit schwarzer Maske

FCI-Nr. 145

Verbreitung häufig

Das schlichte Langhaar mit guter Unterwolle darf die Körperkonturen nicht verdecken und ist pflegeleicht.

Zu Beginn der Rassehundezucht bewahrte man nicht nur bodenständige Rassen, sondern züchtete auch begeistert neue. Heinrich Essig, Stadtrat im schwäbischen Leonberg, war professioneller Züchter und Hundehändler, wie sie damals die Rassehundezucht beherrschten. Seine Schöpfung sollte den Löwen im Stadtwappen repräsentieren. Stammeltern waren Landseer, St. Bernhardshund und Pyrenäenberghund. Der erste Leonberger wurde 1846 geboren. Essig verstand seine Neuzüchtung zu vermarkten und zählte Prominenz wie Kaiserin Sissi, Napoleon III, den Prince of Wales u.a. zu seinen Kunden. Auch der Leonberger besitzt noch typische Hirtenhundverhaltensweisen. Er besticht durch souveräne Ruhe und beschützt zuverlässig Familie und Anwesen. Er schätzt seinen Spaziergang, besser Revierpatrouille, ist aber kein ausgesprochen laufhungriger Hund und duldet keine Artgenossen in den Gebieten, die er als sein Revier betrachtet. Auch er muss von klein an gut geprägt und sozialisiert werden und lernen, sich unterzuordnen. Vom Besitzer sind Kenntnis in Hundeverhalten und Autorität gefordert, die dem Hund unmissverständlich seinen unteren Platz im Rudel zuweisen. Mit Strenge und Härte erreicht mal allerdings nichts. Man muss schon Führungsqualitäten beweisen. Dann ist der Leonberger ein angenehmer Familienhund. Die Aufzucht des jungen Hundes bedarf großer Sorgfalt, damit er nicht zu schnell wächst und zu schwer wird, was den Knochenbau belastet. Leider hat der Leonberger keine hohe Lebenserwartung.

St. Bernhardshund

Schulterhöhe Rüde 70–90 cm, Hündin 65–80 cm

Farbe weiß mit rotbraunen Platten oder Mantel

Haar Lang- und Kurzhaar

FCI-Nr. 61

Verbreitung häufig

Sowohl Langhaar als auch Kurzhaar sind beim Berhardiner pflegeleicht.

Oben Langhaar, unten Kurzhaar

Seit dem 18. Jh. halfen Hospizhunde den Bergführern vom Großen St. Bernhard, bei Nacht und Nebel den Weg über den Pass zu finden und Vermisste zu suchen. Der legendäre Barry I soll 40 Menschen gerettet haben. Die Hunde stammten von rotweißen Bauernhunden aus den Tälern ab. Sie waren kräftig, beweglich, im Vergleich zum heutigen Bernhardiner leichte, stockhaarige Hunde, die sich gut im hohen Schnee bewegen konnten. Langhaarige Welpen blieben bei den Bauern im Tal. Dort erregten sie das Interesse zahlungskräftiger britischer Touristen. Mit dem Mythos des Rettungshundes kamen sie in England in Mode, wo sie mit Neufundländer und Mastiff zu dem massigen Großhund gezüchtet wurden, den wir heute kennen. Längst eignet er sich nicht mehr für die Arbeit im Schnee. Er hat kein allzu großes Laufbedürfnis, muss aber regelmäßig bewegt werden. Er besitzt noch typische Hirten- und Bauernhundeigenschaften und ist keineswegs so unendlich gutmütig, wie sein Ruf es verspricht. Er muss früh lernen sich unterzuordnen, braucht eine klare Führung und er verteidigt sein Revier. Heute geht die Zucht wieder auf beweglichere, leichtere Hunde mit geschlossenen Lefzen und Augenlidern. Leider keine hohe Lebenserwartung.

Kaukasischer Ovtcharka, Do Khy, Anatolischer Hirtenhund

Kaukasischer Ovtcharka
Land Russland
Schulterhöhe Rüde mind. 65 cm, Hündin mind. 62 cm
Farbe weiß, erdfarben, gescheckt oder gesprenkelt
FCI-Nr. 382
Verbreitung selten

Do Khy
Schulterhöhe Rüde mind. 66 cm, Hündin mind. 61 cm
Gewicht 64–78 kg
Farbe tiefschwarz, schwarz, grau, blau mit oder ohne loh, golden.
FCI-Nr. 230
Verbreitung selten

Anatolischer Hirtenhund
Land Anatolien
Schulterhöhe Rüde 74–81 cm, Hündin 71–79 cm
Gewicht Rüde 50–65 kg, Hündin 40–55 kg
Farbe alle erlaubt
FCI-Nr. 333
Verbreitung selten

In der Türkei gibt es keine Rasse anatolischer Hirtenhund. Nur der Kangal aus Sivas wird hoch geschätzt.

Dies sind noch ganz ursprüngliche Hirtenhunde, die erst vor wenigen Generationen in die Hand von Rassehundzüchtern gerieten, mit Ausnahme vielleicht des Do Khy (Tibet Dogge) in Amerika. Sie zeigen das volle Spektrum der typischen Eigenschaften und sind hierzulande nur für sehr wenige Menschen als Begleithund denkbar. Kaukasen wurden zu sowjetischer Zeit als scharfe Schutzhunde von Militär und Grenzen eingesetzt und gelten als besonders schwierig, ebenso der Kangal, der offiziell als Anatolischer Hirtenhund anerkannt ist. Leider verführt ihr Ruf oft genau die Menschen, die keinesfalls einem solchen Hund gewachsen sind. Hundeverhaltensexperten können ein Lied von den Schwierigkeiten singen!

Oben Kaukase, unten links Do Khy, unten rechts Anatole

Slovensky Cuvac, Polski Owczarek Podhalanski, Pyrenäenberghund, Mastin de los Pirineos

Slovensky Cuvac
Land Slowakei
Schulterhöhe Rüde 62–70 cm, Hündin 59–65 cm
Gewicht Rüde 36–44 kg, Hündin 31–37 kg
Farbe weiß
FCI-Nr. 142 (Bild unten links)
Verbreitung selten

Polski Owczarek Podhalanski
Land Polen
Schulterhöhe Rüde 65–70 cm, Hündin 60–65 cm +3%
Farbe weiß
FCI-Nr. 252 (Bild Mitte)
Verbreitung selten

Pyrenäenberghund
Land Frankreich
Schulterhöhe Rüde 70–80 cm, Hündin 65–75 cm
Farbe weiß oder weiß mit grauen oder orangefarbenen Flecken an den Ohren
FCI-Nr. 137 (Bild oben)
Verbreitung selten

Mastin de los Pirineos
Land Spanien
Schulterhöhe Rüde mind. 77 cm (ideal mind. 81 cm), Hündin mind. 72 cm (ideal mind. 75 cm)
Farbe weiß mit farbigen Abzeichen
FCI-Nr. 92 (Bild unten rechts)
Verbreitung selten

Das Fell bleibt bei guter Pflege weiß, ohne zu baden. Haart stark im Fellwechsel.

Die enge Verwandtschaft der weißen Hirtenhunde ist nicht zu übersehen. Reinweiße Farbe wurde bei manchen erst in der Rassehundezucht festgeschrieben. Seit Generationen als Begleithunde gezüchtet, haben sie sich recht gut angepasst und sind menschbezogener geworden. Bei entsprechender Prägung und Erziehung, die konsequent beim Welpen einsetzen muss, kann man sie als Familienhunde halten. Dennoch sind sie typische Hirtenhunde geblieben, sie brauchen Lebensraum, den sie bewachen dürfen, und eine klare Führung.

Kuvasz

Schulterhöhe Rüde 71–76 cm, Hündin 66–70 cm

Gewicht Rüden 48–62 kg, Hündin 37–50 kg

Farbe weiß, elfenbeinfarben noch gestattet

FCI-Nr. 54

Verbreitung häufig

Das mäßig harte, gewellte Haar verfilzt kaum, haart aber sehr beim Fellwechsel.

Der Kuvasz kam mit Hirtenvölkern aus Asien ins heutige Ungarn. Im Mittelalter war der schöne weiße Hund bevorzugter Jagdhund der Könige. Während der Weltkriege erlitt die Rasse schwere Rückschläge, 1956 wäre sie beim Ungarnaufstand in ihrer Heimat beinahe ausgerottet worden. Hinderten die tapferen Hunde die Soldaten am Eindringen in ihr Revier, wurden sie kurzerhand erschossen. Glücklicherweise hatten die schönen weißen Hunde längst ihre Liebhaber in Europa und Amerika, und die ungarische Zucht konnte sich erholen. Der Kuvasz ist von allen weißen Hirtenhunden am bekanntesten und eine seit vielen Jahren etablierte Rasse. Der ausgesprochen schöne Hund besitzt eine starke Persönlichkeit und ausgeprägtes Rangordnungsempfinden. Die konsequente Erziehung muss schon beim Welpen beginnen. Der rasch wachsende, kräftige und sehr temperamentvolle Hund stellt hohe Ansprüche an die Geduld und das Durchsetzungsvermögen seines Erziehers.

Hat er seinen Platz in der Familie gefunden und seinen Boss akzeptiert, ist der Kuvasz ein angenehmer, lernfähiger Hausgenosse und zuverlässiger Schutzhund. Im Standard wird ausdrücklich vermerkt, dass er bei schlechter Behandlung aggressiv werden kann. Der Kuvasz braucht angemessenen Bewegungsraum und Auslauf, allerdings muss sein Jagdtrieb durch konsequente Erziehung gezügelt werden.

Neufundländer

Schulterhöhe Rüde i.D. 71 cm, Hündin i.D. 66 cm

Gewicht Rüde 68 kg, Hündin 54 kg

Farbe schwarz, braun, weiss-schwarz

FCI-Nr. 50

Verbreitung häufig

Das fettige, dichte, wasserundurchlässige Stockhaar ist schwierig zu pflegen.

Nachkommen europäischer Hirtenhunde, die die Fischer als Schutzhunde mit an Neufundlands Küste nahmen. Englische Fischer entdeckten sie auf Neufundland und nahmen sie mit nach Hause. Zunächst die großen schwarzweißen Hunde, und als die nicht mehr da waren, die kleineren schwarzen von der südlichen Insel St. Johns. Der bärenhafte Hund löste den Landseer in der Gunst der wohlhabenden Briten ab. Wasserpassion und angeborene Bringfreude machen den Neufundländer auch heute noch zum geborenen Wasserrettungshund. Berühmtester Nutznießer war wohl Napoleon, den der legendäre Boatswain rettete. Vom Hirtenhund blieb die Reviertreue. Schärfe und Schutztrieb waren in der Abgeschiedenheit Neufundlands nicht notwendig oder gar unerwünscht. Der temperamentvolle junge Hund muss jedoch mit Konsequenz erzogen werden, sonst wird er versuchen, seinen Kopf durchzusetzen, was nicht unbedingt freundlich ablaufen muss. Ein Neufundländer braucht Platz, liebt den Aufenthalt im Freien und sucht engen Familienkontakt. Dafür begnügt er sich mit kurzen Spaziergängen. Er lernt leicht die notwendigen Umgangsregeln, ist für hundesportliche Aktivitäten zu schwer und nicht unterordnungswillig genug. Kein Wohnungs- oder Stadthund.

Landseer

Schulterhöhe Rüde 72–80 cm, Hündin 67–72 cm

Farbe weiß mit schwarzem Kopf und schwarzen Platten

FCI-Nr. 226

Verbreitung häufig

Der Landseer ist auch heute noch ein guter Wasserrettungshund.

Portugiesische und baskische Fischer nahmen zum Schutz der Schiffe und Siedlungen Hirtenhunde mit an die Küste Neufundlands. Sie halfen beim Einholen der Netze, brachten Schiffbrüchige an Land, zogen Boote ein und apportierten alles aus dem Wasser, was nicht hineingehörte und schleppten, ins Geschirr gespannt, Holz aus den Wäldern. Unter denkbar harten Lebensbedingungen entwickelten sich genügsame, robuste Tiere. Im 18. Jh. brachten Fischer die ersten Exemplare nach England, wo der imposante, menschenfreundliche Hund rasch Freunde gewann. Auf zahlreichen Gemälden schmückten sich die Herrschaften mit ihrem Landseer, benannt nach seinem berühmten Maler: Sir Edwin Landseer. Er hat noch viel vom Hirtenhund, wobei Schutztrieb und Schärfe unnötig waren, da ständig wechselnde Schiffsbesatzungen anlandeten und aggressive Hunde nicht überlebten. Behalten hat er seine Reviertreue, er schlägt an, weiß überzeugend zu drohen und notfalls auch zu verteidigen. Er ist ein selbstbewusster Hund, der von klein an konsequent erzogen und dem sein Platz am unteren Ende der Rangordnung zugewiesen werden muss. Da seine Grundstimmung nicht aggressiv sein darf, setzt er sich mehr in Form von Sturheit oder überschwänglichen Aktionen durch als mit den Zähnen. Er liebt den Aufenthalt im Freien, geht gerne spazieren, ist aber insgesamt nicht sehr lauffreudig. Er braucht Lebensraum, den er bewachen kann, und unbedingt engen Kontakt zur Familie, den er sehr genießt. Er ist gelehrig und arbeitsfreudig.

Jagdhunde unter Führereinfluss

Links: Der Pointer erstarrt, sobald er seine Beute wittert, und zeigt mit der Nasenspitze an, wo sie sitzt.

Rechts: Der englische Springer Spaniel stöbert immer gerne.

Unten: Vielseitig begabt ist der große Münsterländer.

Das heißt, dass die Hunde beim Jagen kontrollierbar sein müssen und erst die Zusammenarbeit mit dem Jäger zum Jagderfolg führt. Darin unterscheiden sie sich wesentlich von den selbstständig jagenden Hunden. Sie jagen nicht in einer ungeordneten Meute, sondern in einem wohl organisierten Rudel mit Rollenverteilung und Teamarbeit, die eine leitende Persönlichkeit erfordert, der sich das Team unterordnet. Für den Hundehalter bedeutet dies, dass die Hunde intelligent, führerbezogen und lernfreudig sind. Sie ordnen sich unter und gehorchen. Aber als professionelle Jagdhunde steht die Jagdpassion an oberster Stelle. Wir brauchen einen mit seinen Fähigkeiten selbstständig umgehenden Hund und verlangen gleichzeitig, dass er gehorcht, damit der Jäger zum Schuss kommt. Damit übernimmt der Mensch die Rolle, die Beute zu stellen und zu töten und schafft sich in den Augen des Hundes einen guten Führungsvorsprung, denn das Wesentliche der Jagd, das Teilen der Beute und Fressen, geht vom Hundeführer aus. Der Hund ordnet sich nicht einfach unter, sondern kooperiert intelligent in eigenem Interesse. Wer nicht mit dem Hund jagt, hat es schwer, sich dort als überlegen zu beweisen, wo es dem Hund wichtig ist – nämlich bei der Jagd. Mit herkömmlicher, stupider Erziehung mit Befolgen von sinnlosen Kommandos kommt man nicht weit. Jagdhunde sind deshalb mit Ausnahme einiger wenige denkbar ungeeignet als Familienhunde. Sie werden jede Gelegenheit wahrnehmen, ihrer angeborenen Neigung zu folgen und können einen Menschen, der sie nicht mit ihnen teilt, kaum ernst nehmen, geschweige denn sich ihm unterordnen. Für Hund und Hundehalter eine sehr unbefriedigende Situation!

Da wir uns in diesem Buch in erster Linie an den nicht-jagdinteressierten Hundefreund wenden, benutzen wir keine waidmännischen Fachausdrücke und bemühen uns um allgemein verständliche Erklärungen.

› Jagdhunde vor dem Schuss

Der Vorstehhund sucht in freiem Feld mit großer Schnelligkeit und unermüdlicher Ausdauer weite Flächen präzise nach Wild ab. Hat er etwas gewittert, verharrt er in der klassischen Vorstehhaltung, der Jäger gibt das Kommando langsam weiter zu gehen, bis die Vögel auffliegen oder der Hase weiterläuft und der Jäger schießen

kann. Der Hund darf dem Wild nicht nachlaufen, sondern muss sich zu seiner eigenen Sicherheit unter dem Schuss sofort setzen oder legen. Dort wo sich Vögel und

anderes Wild in höherem Bewuchs, Gebüsch oder Schilf verstecken können, an Waldrändern, Gewässern, in Hecken usw. braucht man den kleineren Stöberhund, der das angewiesene Areal planmäßig absucht und das aufgespürte Wild den wartenden Jägern vor die Flinte treibt. Der Hund muss selbstständig arbeiten, zeigt jedoch durch fortwährendes Gebell dem Jäger an, was er wo jagt (Spurlaut), und er muss sich sofort abrufen lassen, wenn er das Wild in eine falsche Richtung treibt. Auch hier haben wir es mit einem selbstständigen Hund zu tun, der mit dem Jäger arbeitet und sich abrufen lässt.

› Jagdhunde nach dem Schuss

Diese Hunde warten geduldig hinter dem Jäger auf ihre Aufgabe und sausen auf Kommando voller Eifer los, um das geschossene Wild zu apportieren. Da Wasservögel beliebtes Jagdwild sind, ist hohe Wasserfreudigkeit gefragt, die die Hunde selbst bei eisigen Temperaturen begeistert ins Wasser springen lässt. Das ist das Metier der Retriever (to retrieve – heranbringen). Da sie nicht selbstständig jagen und sehr unterordnungsbereit sein müssen (will to please), d.h. ausschließlich auf Kommando hin arbeiten, finden sich hier gute Familienbegleithunde.

› Jagdhunde vor und nach dem Schuss

Sie zeigen das gesamte Spektrum des Jagens vom Vorstehen und Stöbern über das Apportieren bis zur Nachsuche. Sie sind ungeheuer zäh, ausdauernd, passioniert und lebhaft, aber nicht gerade unterordnungsfreudig und brauchen eine konsequente Erziehung. Die deutschen Vorstehhunde haben sich als Alleskönner bestens bewährt. Einige besitzen ausgeprägten Schutztrieb, da man sie früher auch bei der Verfolgung von Wilddieben einsetzte. Der Polizeihund des Waldes sozusagen.

› Übergangsform Jagdhunde mit und ohne Führereinfluss

Hier finden wir die Nachfahren der alten Bracken und Laufhunde wieder, die in unseren Breiten den jagdlichen Bedingungen angepasst wurden, denn ein Hund ohne Führereinfluss hat hier einfach keinen Platz. Auch diese Hunde sind, einmal abgesehen von den Schweißhunden, vielseitig einsetzbar.

Jagdhunde vor dem Schuss

Jagdhunde nach dem Schuss

Jagdhunde vor und nach dem Schuss

Übergangsform Jagdhunde mit und ohne Führereinfluss

Setter

Irish Red Setter

Schulterhöhe Rüde 58–67 cm, Hündin 55–62 cm

Farbe sattes kastanienbraun ohne Spur von schwarz

FCI-Nr. 120

Verbreitung häufig

English Setter

Schulterhöhe Rüde 65–68 cm, Hündin 61–65 cm

Farbe weiß mit schwarzen, orangen, zitronenfarbenen und leberbraunen Flecken mit oder ohne Brand (dreifarbig); Tüpfelung (belton) gegenüber größeren Flecken bevorzugt

FCI-Nr. 2

Verbreitung selten

Gordon Setter

Schulterhöhe Rüde 66 cm, Hündin 62 cm

Gewicht Rüde 29,5 kg, Hündin 25,5 kg

Farbe tiefschwarz mit sattem kastanienfarbenem Brand

FCI-Nr. 6

Verbreitung häufig

Oben Irish Red Setter, rechte Seite oben English Setter, unten links Gordon Setter, unten rechts Irish Red and White Setter

Setter sind selbständig arbeitende Hunde von großer Ausdauer. Sie sind klug, lernen schnell, aber sie brauchen eine klare Führung, um Gehorsam zu zeigen. Bei Kenntnis von Hundeverhalten lassen sie sich gut führen. Als Familienhunde durchaus geeignet, wenn man einen Weg findet, sie ihren Neigungen entsprechend zu beschäftigen. Reine körperliche Bewegung, z.B. am Rad, reicht nicht aus. Jagdlich geführt sind sie gleichzeitig schöne und angenehme Familienhunde. Ersatzarbeiten sind z.B. die Ausbildung zum Rettungshund in der Trümmer- und Flächensuche. Ein unausgelasteter Setter ist schwierig zu halten. Leider gehören sie ihrer Schönheit wegen zu den Hunden, die oft ohne Rücksicht auf ihre Bedürfnisse angeschafft werden. Setter sind freundlich, doch wachsam und brauchen engen Familienanschluss. Beim Irish und English Setter gibt es Linien, deren Züchter nur auf Schönheit und nicht auf jagdliche Eignung Wert legen, hier könnte man für die Familie besser geeignete Hunde mit weniger ausgeprägter Jagdpassion finden.

English Setter

Aus alten Spanielschlägen mit Pointerblut entstandener Vorstehhund, der im 19. Jh. von Sir Laverack wesentlich geprägt wurde. Spezialisiert auf die schnelle Suche im Feld. Liebenswert, sanft und ruhig im Haus, entfaltet er draußen sein ganzes Temperament. Der English Setter liegt im Temperament zwischen den Iren und dem Gordon. Kein Hund für bequeme Menschen.

Gordon Setter

Für die Arbeit im schwierigen Gelände Schottlands züchtete der Duke of Gordon im 18. Jh. einen schwereren, weniger eleganten, kraftvollen Hund. Der Gordon Setter ist ein Einmannhund, Fremden

Irish Red and White Setter

Schulterhöhe Rüde 62–66 cm, Hündin 57–61 cm

Farbe weiß mit rotbraunen Flecken

FCI-Nr. 330

Verbreitung selten

Das seidige, schlichte, beim English leicht gewellte Haar ohne Unterwolle bedarf regelmäßiger Pflege.

gegenüber eher zurückhaltend und verträgt Besitzerwechsel schlecht. Er ist spätreif und braucht von klein an konsequente Erziehung.

Irish Red Setter

Der Rote Ire erfreut sich weltweit großer Beliebtheit. Er ist ein weit ausholender, schneller und ausdauernder Vorstehhund. Er eignet sich zur Wasserarbeit, lässt sich zur Nachsuche abrichten, apportiert gerne und ist gelegentlich raubzeugscharf. Der lebhafte, stets nach Wild Ausschau haltende Hund muss seine ausgeprägte Jagdpassion ausleben können. Das setzt sportliche Besitzer voraus, die viel Zeit mit dem Hund verbringen und ihn einfühlsam erziehen und führen können, was bei dem temperamentvollen, selbstbewussten Hund nicht leicht ist.

Irish Red and White Setter

Die älteste Form der irischen Setter. Kräftiger und athletischer als der Rote, freundlich, intelligent und arbeitsfreudig. Ebenfalls passionierter Jagdhund, nicht ganz so lebhaft wie der Irish Red Setter.

Pointer

Schulterhöhe Rüde 63–69 cm, Hündin 61–66 cm

Farbe zitronenfarben, orange, leberbraun, schwarz mit weiß, auch ein- oder dreifarbig

FCI-Nr. 1

Verbreitung selten

Als Show- oder Jagdhund gezüchtet, mit unterschiedlichem Körperbau.

Der klassische Vorstehhund schlechthin, dessen Vorfahren von der Iberischen Halbinsel nach England kamen. England ist berühmt dafür, für jeden Bereich der Jagd Spezialisten gezüchtet zu haben. Bei Jagdveranstaltungen findet man deshalb verschiedene Rassen, und jeder Bereich wird im sportlichen Wettstreit, den Field Trials, betrieben. Dieser edle, schnelle Vollblutjagdhund war an der Veredlung des deutschen Vorstehhundes und vieler anderer Jagdhundrassen maßgeblich beteiligt. Er sucht das Gelände in rasantem Lauf mit unermüdlicher Ausdauer ab und weist, wie sein Name sagt (engl. to point – hinweisen), auf das Wild in typischer Pose hin. Je mehr Vögel er findet, desto besser. Er ist der Spezialist und deshalb hierzulande in Jägerhand nur selten anzutreffen, da reine Feldarbeit mangels entsprechender Flächen und Tierbestände kaum noch möglich ist. Der Pointer ist ein sehr schneller, ausdauernder, temperamentvoller, nerviger Hund, der sich wenig zum Haus- und Familienhund eignet, obwohl er einen umgänglichen, liebenswerten Charakter hat und ausgesprochen sauber ist. Doch sein angeborenes Laufbedürfnis und seine Jagdpassion sind für den Nichtjäger kaum in Bahnen zu lenken.

Spaniel

English Springer

Schulterhöhe ca. 51 cm

Farbe Leberbraun/Weiss, Schwarz/Weiss oder jede dieser Farben mit Loh-Abzeichen

FCI-Nr. 125

Verbreitung häufig

Welsh Springer

Schulterhöhe Rüde 48 cm, Hündin 46 cm

Farbe nur sattes Rot und Weiß

FCI-Nr. 126

Verbreitung selten

Sorgfältige Fell- und Ohrenpflege nötig, sonst weniger aufwändig als die Cocker.

English Springer Spaniel

Heute in England einer der beliebtesten Jagdhunde. Ursprünglichster Spanieltyp, der 600 Jahre zurückverfolgt werden kann. Damals trieb er die Vögel in Netze. Heute ist der Springer ein hervorragender Jagdgebrauchshund, der sucht, weitläufig stöbert, das Wild herausdrückt und zuverlässig apportiert. Ausgesprochen wasserfreudig. Ein freundlicher, anhänglicher, zuverlässiger Hund, der viel Beschäftigung braucht. Ideal für den Alleinjäger, der gleichzeitig einen angenehmen Familienhund sucht. Als Familienhund geeignet, wenn man ihn konsequent erzieht und eine sinnvolle Ersatzbeschäftigung bieten kann. Unterfordert wird er seinen jagdlichen Neigungen notfalls auch auf eigene Faust nachgehen.

Welsh Springer Spaniel

Ebenfalls sehr alte Rasse. Dieser hübsche Jagdspaniel ist ein ausgesprochen harter, ausdauernder Hund, der besonders den Anforderungen seiner walisischen Heimat angepasst ist. Die Jagdeigenschaften sind die des Springers. Auch er ist ein angenehmer Familienhund, leicht zu erziehen und temperamentvoll, dem man eine sinnvoll Ersatzaufgabe bieten sollte, wenn man nicht jagdlich führen kann. Nicht für bequeme Menschen.

Oben English Springer, unten Welsh Springer Spaniel

Cocker und American Cocker

Cocker

Schulterhöhe Rüde 39–41 cm, Hündin 38–39 cm

Gewicht 12,5–14,5 kg

Farbe rot, schwarz, zwei- und dreifarbig

FCI-Nr. 5

Verbreitung sehr häufig

American Cocker

Schulterhöhe Rüde ideal 38 cm, Hündin 35,5 cm

Farbe einfarbig schwarz, creme bis dunkelrot und braun mit oder ohne lohfarbene Abzeichen (black and tan); mehrfarbig: schwarz-weiß, rot-weiß, braun-weiß und Schimmel, jeweils mit oder ohne lohfarbene Abzeichen

FCI-Nr. 167

Verbreitung häufig

Bei beiden Rassen ist eine sorgfältige Fell- und Ohrenpflege notwendig.

Cocker Spaniel

Er geht auf spanische Vogelhunde zurück und wurde im 19. Jh. in England zur Waldschnepfenjagd (= woodcock) gezüchtet. Er ist ein hervorragender Stöberhund, der gerne apportiert und auch Fährten verfolgt. Seine wahre Karriere ist die des Familienhundes. Er ist sehr intelligent, anhänglich und verschmust, dabei temperamentvoll, immer fröhlich, verspielt und zu Spaziergängen bereit. Seine hervorragende Nase, Arbeitsfreude und Spieltrieb machen ihn zu einem ausgezeichneten Spürhund nach Rauschgift, Sprengstoffen usw. Der charmante Hund mit dem Madonnenblick braucht konsequente Erziehung, da er es gut versteht, seine Familie um den Finger zu wickeln. Sehr guter Futterverwerter, der immer hungrig ist. Auch diesen echten Jagdhund muss man sinnvoll beschäftigen, da er sonst jede Gelegenheit zum Stöbern nutzt.

**Oben Cocker Spaniel,
links American Cocker Spaniel**

American Cocker Spaniel

In den USA züchtete man aus dem englischen Cocker eine kleinere, putzigere Version als Familienhund, die dort sehr beliebt ist. Als Schaurasse wurde das Fell überbetont und ist heute ein Handicap, weil es sehr viel Pflege erfordert und der Hund unnatürlich wirkt, was viele Leute davon abhält, über diesen entzückenden Hund weiter nachzudenken. Er ist ein zärtlicher, fröhlicher Familienhund, sanftmütig und leicht zu erziehen. Er ist sehr menschbezogen, braucht engen Kontakt, er ist wachsam aber nicht laut. Sein Jagdtrieb hält sich bei guter Erziehung in Grenzen.

Deutscher Wachtelhund

Schulterhöhe Rüde 48–54 cm, Hündin 45–52 cm

Gewicht 18–25 kg

Farbe Einfarbig braun oder rot, oft mit weissen oder geschimmelten Abzeichen an Brust und Zehen; Braun- oder Rotschimmel

FCI-Nr. 104

Verbreitung sehr häufig

Das schlichte, leicht gewellte oder gelockte („Astrachan“) Fell ist pflegeleicht.

Zu den ältesten Jagdhundschlägen gehört der Stöberhund, der ursprünglich bei der Jagd mit Greifvögeln das Federwild aufstöberte. Seine Vorfahren waren Bracken, er selbst ist die Vorstufe zum Vorstehhund. 1897 begannen deutsche Berufsjäger, mittelgroße, langhaarige Gebrauchshunde systematisch zu züchten. Der Deutsche Wachtelhund ist vergleichbar mit den englischen jagenden Spaniels und wird deshalb in angelsächsischen Ländern „German Spaniel“ genannt. Der Wachtelhund ist besonders geeignet für Waldreviere. Der Spezialist im Buschieren (Suche in unübersichtlichem Gelände) und Stöbern steht nicht vor und ist nicht als Schutzhund geeignet. Er besitzt eine feine Nase, sucht zuverlässig, stöbert mit Spurlaut, ist wild- und raubzeugscharf, liebt das Wasser und apportiert freudig. Doch ist er auch hervorragend für die Nachsuche von angeschossenem Wild geeignet. Der angenehme Jagdgefährte gehört nur in Jägerhand, wo sein Arbeitseifer genutzt wird. Für Gelegenheitsjäger, die nur am Wochenende mit dem Hund arbeiten können oder gar als reiner Familienhund eignet sich der passionierte Hund sicher nicht. Beide Schläge (schwerer brauner und leichter Braunschimmelschlag) werden getrennt gezüchtet, um bei Bedarf unterschiedliche Blutlinien zur Vermeidung von Inzucht zur Verfügung zu haben. Der Deutsche Wachtelhund wurde und wird ausschließlich von Jägern für Jäger, als Stöber- und vielseitiger Jagdgebrauchshund gezüchtet.

Labrador Retriever

Schulterhöhe Rüde 56–57 cm, Hündin 54–56 cm

Gewicht Rüden 35–38 kg, Hündinnen 30–33 kg

Farbe schwarz, gelb, leber/schokoladenbraun

FCI-Nr. 122

Verbreitung sehr häufig

Das dichte, wasserabweisende Fell ist pflegeleicht, haart jedoch stark.

Der ehemalige St. Johns Hund stammt aus dem Süden Neufundlands. Kabeljaufischer brachten die Hunde Anfang des 19. Jh. nach England und rühmten ihre Fähigkeit, Wasservögel zu apportieren. Der Earl of Malmesbury kaufte sie und nannte sie nach ihrer Heimat an der kanadischen Küste Labradors. Sie waren bald als hervorragende Apportierhunde berühmt. Ihre Vielseitigkeit ist bemerkenswert: erstklassiger Jagdhund für die Arbeit nach dem Schuss, Rauschgiftspürhund, Minensuchhund, Rettungshund, Lawinenhund, Blindenführhund und Familienhund. Er ist anhänglich, verschmust, kein Streuner, wildert nicht, ist wachsam aber nie aggressiv gegen Mensch und Tier, nur als Schutzhund ungeeignet. Er besitzt gute Nerven, ein ausgeglichenes Wesen und ist sehr selbstsicher. Der kräftige, oft fordernde Hund muss mit Konsequenz von klein an erzogen werden, Unterordnungsbereitschaft ist immer seltener anzutreffen. Er braucht Bewegung und vor allem eine sinnvolle Beschäftigung. Er liebt das Wasser und geht Sommer wie Winter schwimmen. Leider befindet er sich auf dem besten Wege, als Modehund vermarktet zu werden. Dabei ist er kein bequemer Hund, der mal eben so mitläuft. Hunde aus Showlinien sind kompakter, aus Arbeitslinien leichter.

Golden Retriever

Schulterhöhe Rüde 56–61 cm, Hündin 51–56 cm

Farbe gold- oder cremefarben, nie rot

FCI-Nr. 111

Verbreitung sehr häufig

„Weiches Maul": beim Bringen fasst er ganz sanft zu, ohne zu verletzen.

Ende des 19. Jh. züchtete Lord Tweedmouth in Schottland mit gelbem Labrador Retriever, Irish Setter und dem heute ausgestorbenen Tweed Water Spaniel einen Apportierhund mit „weichem Maul". Der ruhige, gelassene, trotzdem aufmerksame Hund ist intelligent und lernfreudig. Außer zur jagdlichen Ausbildung eignet er sich auch als Blindenführhund, für Gehorsamsausbildung, Turniersport usw. Der Golden Retriever darf niemals aggressiv sein. Er ist kein Schutzhund. Der leicht und mit Liebe zu erziehende Golden Retriever bereitet auch dem unerfahrenen Hundehalter bei etwas Anleitung kaum Schwierigkeiten. Da er nicht zu den jagenden Hunden gehört, neigt er nicht zum Wildern oder Streunen, wenn man sich sinnvoll mit ihm beschäftigt. Ein schöner Sport, speziell für Retriever entwickelt, ist die sog. „Dummyarbeit", das Apportieren von künstlichen „Hasen". Leider hat sich der Golden zum Modehund – mit allen negativen Folgen wie unkontrollierter Massenzucht – entwickelt. Deshalb beim Welpenkauf unbedingt große Sorgfalt walten lassen, um Enttäuschungen bezüglich des erwünschten Charakters und der Gesundheit zu vermeiden. Das mittellange, schlichte Haar muss regelmäßig gebürstet werden.

Retriever

Flat Coated

Schulterhöhe Rüde 59–61,5 cm, Hündin 56,5–59 cm

Gewicht Rüde 27–36 kg, Hündin 25–32 kg

Farbe schwarz und leberbraun

FCI-Nr. 121

Verbreitung häufig

Chesapeake Bay

Schulterhöhe Rüde 58–66 cm, Hündin 53–61 cm

Gewicht Rüde 29,5–36,5 kg, Hündin 25–32 kg

Farbe alle Brauntöne und wie „totes Gras“

FCI-Nr. 263

Verbreitung selten

Nova Scotia

Schulterhöhe Rüde 48–51 cm, Hündin 45–48 cm

Gewicht Rüde 20–23 kg, Hündin 17–20 kg

Farbe Rot-Orangetöne mit weißen Abzeichen an Kopf, Brust, Pfoten und Rute

FCI-Nr. 312

Verbreitung selten

Alle drei Retriever-Rassen sind arbeitsfreudig und lieben die Wasserarbeit.

Flat Coated Retriever

Ende des 19. Jh. in England entstandener Apportierhund. Er ist leichtführig, sensibel, kein ausgesprochener Schutzhund, aber wachsam. Der temperamentvolle Hund braucht Bewegung und Beschäftigung. Er eignet sich für alle hundesportlichen Aktivitäten außer Schutzhund. Das glatte Fell ist pflegeleicht. Er macht auch unerfahrenen Hundehaltern Freude (oben).

Chesapeake Bay Retriever

1807 strandete ein englisches Schiff an der amerikanischen Küste vor Maryland. An Bord waren zwei Neufundländer, die mit einheimischen Jagdhunden gekreuzt wurden. Er ist ein guter Stöberer und apportiert aus eisigem Wasser. Lebhafter, mutiger, nervenfester Hund, der Familienanschluss und Beschäftigung braucht. Konsequente Erziehung nötig (Bild unten rechts).

Nova Scotia Duck Tolling Retriever

Er kommt aus Neuschottland im Süden Kanadas, wo die Indianer mit roten Hunden den Fuchs nachahmten, der schwanzwedelnd am Ufer herumhüpfte und die neugierigen Enten nahe genug anlockte, damit sie von im Versteck lauernden Artgenossen gefangen werden konnten. Die Siedler nutzten die ungewöhnliche Jagdmethode und züchteten einen lebhaften, verspielten, leicht erziehbaren Hund, der nicht zum Wildern oder Streunen neigt (Bild unten links).

Deutsch Kurzhaar und Weimaraner

Deutsch Kurzhaar

Schulterhöhe Rüde 62–66 cm, Hündin 58–63 cm

Farbe braun oder schwarz, weiß gesprenkelt oder geschimmelt

FCI-Nr. 119

Verbreitung sehr häufig

Weimaraner

Schulterhöhe Rüde 59–70 cm, Hündin 57–65 cm

Gewicht Rüde 30–40 kg, Hündin 25–35 kg

Farbe silber-, reh- oder mausgrau

FCI-Nr. 99

Verbreitung sehr häufig

Mannschärfe: Hund greift auf Kommando an und lässt ebenso aus.

Deutsch Kurzhaar

Der kurzhaarige Deutsche Vorstehhund ist eine der verbreitetsten Jagdhundrassen Deutschlands und auch im Ausland sehr beliebt. Ursprünglich gehen die Vorstehhunde auf italienische Vorstehhunde zurück. Doch um den schweren Hund zu veredeln, kreuzte man den englischen Pointer ein, von dem der Deutsch Kurzhaar die temperamentvolle Suche mit hoher Nase und das elegante Aussehen erbte. Ausgesprochener Alleskönner. Der oft nervige, zu temperamentvolle Hund gehört nur in Jägerhand, wo er eine angemessene Ausbildung erhält und seine Veranlagung ausleben kann. Als „Wochenendjagdhund" nicht geeignet. Im Ausland auch als Schauhund in der reinen Schönheitszucht anzutreffen (Bild oben).

Weimaraner

Am Hofe von Großherzog Carl August (1757–1828) zu Weimar gezüchteter, vielseitig einsetzbarer, ausdauernder Jagdhund. Ausgeprägt ist seine Mannschärfe. Der passionierte Jäger gehört nur in Jägerhand, wo er sich ausleben kann. Er ist nicht leichtführig und braucht eine gründliche Ausbildung. Leider wird der ungewöhnlich schöne Hund schon als Familienhund vermarktet, ist dafür jedoch denkbar ungeeignet, auch wenn er im Ausland ein beliebter Showhund ist. Der langhaarige Weimaraner kommt selten vor (Bild rechts).

Deutsch Drahthaar und Stichelhaar

Deutsch Drahthaar

Schulterhöhe Rüde 61–68 cm, Hündin 57–64 cm

Farbe braun, braun- oder schwarzschimmel

FCI-Nr. 98

Verbreitung sehr häufig

Deutsch Stichelhaar

Schulterhöhe Rüde ab 60 cm, Hündin ab 58 cm

Farbe braun und weiß, Braunschimmel mit oder ohne Platten

FCI-Nr. 232

Verbreitung selten

Einen scharfen Hund braucht der Jäger zum persönlichen Schutz gegen Wilddiebe.

Deutsch Drahthaar

Beliebtester Jagdhund in Deutschland. Obwohl zu den Vorstehhunden zählend, ist er ein Alleskönner. Er entstand aus Kreuzungen verschiedener rauhaariger Vorstehhundschläge, wobei nur die Leistung als Zuchtziel zählte. Als zu Beginn der Rassehundezucht die einzelnen Schläge als separate Rassen rein weitergezüchtet wurden, distanzierte man sich von den Kreuzungsprodukten – nicht ahnend, dass dieser schlicht Deutsch Drahthaar genannte Hund einmal die Szene beherrschen würde. Passionierter, temperamentvoller, nie nervöser Jagdhund. Er eignet sich für raues Gelände ebenso wie für die Wasserarbeit. Kraftvoller, harter Hund, der eine gute Mannschärfe mitbringt. Er ist nicht leichtführig und braucht eine gründliche, jagdliche Ausbildung. Er gehört nur in Jägerhand, wo er seiner Passion unter konsequenter Führung nachgehen kann – und das nicht nur am Wochenende. Das derbe Fell ist pflegeleicht.

Deutsch Stichelhaar

Stichelhaarige Hühnerhunde stellte im 16. Jh. Ridinger auf Holzstichen dar. Vielseitig einsetzbarer Jagdgebrauchshund, der gleichermaßen gut in Feld, Wald und Wasser arbeitet. Der wasserfreudige Hund besitzt Veranlagung zur Schärfe. Zuchtgebiet ist hauptsächlich Ostfriesland. Reiner Jagdgebrauchshund.

Oben Deutsch Drahthaar, rechts Deutsch Stichelhaar

Pudelpointer und Griffon

Pudelpointer

Schulterhöhe Rüde 60–68 cm, Hündin 55–63 cm

Farbe dunkelbraun bis dürrlaubfarben oder schwarz

FCI-Nr. 216

Verbreitung häufig

Griffon

Schulterhöhe Rüde 55–60 cm, Hündin 50–55 cm

Farbe blaugrau, grau mit braunen Platten, braun, braungestichelt, weiß mit braun

FCI-Nr. 107

Verbreitung selten

Schweißarbeit: Verfolgen der Blutspur nach dem Schuss.

Beide Rassen gehören zu den Vorstehhunden, sind aber echte Alleskönner für die Anforderungen in deutschen Revieren. Sie gehören ausschließlich in Jägerhand, wo sie ihre Passion nach gründlicher Ausbildung ausleben können.

Pudelpointer

Aus Pudel und Pointer gezüchtet, um die guten Eigenschaften beider Rassen zu vereinen. Anlass war „Juno" aus der Zufallspaarung eines braunen Königspudels mit einer braunen Pointerhündin, die hervorragende Leistungen zeigte, dabei klug und umgänglich war. Der Pudel brachte Intelligenz, Leichtführigkeit und Wasserfreude, der Pointer Ausdauer, Schnelligkeit und Jagdpassion ein. Der Pudelpointer zeichnet sich durch große Wasserfreudigkeit, Lernfähigkeit, Apportierfreude, sichere Schweißarbeit und Härte aus. Das Fell sollte nicht zu wollig und pflegeleicht sein.

Griffon d'arrêt à poil dur Korthals

Ab 1850 züchtete der Holländer Korthals in Deutschland aus dem französischen Griffon diesen feinnasigen, wasserfreudigen und spurfesten Jagdgebrauchshund. Er ist überall einsetzbar, anhänglich und leichtführig, typische Eigenschaften französischer Vorstehhunde.

Oben Pudelpointer, links Griffon

Deutsch Langhaar und Großer Münsterländer

Deutsch Langhaar

Schulterhöhe Rüde 63–66 cm, Hündin 60–63 cm

Gewicht ca. 30 kg

Farbe einfarbig braun oder braun-weiß

FCI-Nr. 117

Verbreitung sehr häufig

Großer Münsterländer

Schulterhöhe Rüde 60–65 cm, Hündin 58–63 cm

Gewicht ca. 30–35 kg

Farbe weiß mit schwarzen Platten oder Tupfen, auch geschimmelt

FCI-Nr. 118

Verbreitung häufig

Deutsch Langhaar

Im langhaarigen Jagdhund ist das Blut der Vogel-, Habichts-, Wasserhunde und Bracken vereint und somit die Anlagen zu grosser Vielseitigkeit vorhanden. Ab dem Jahr 1879 wurde Reinzucht betrieben und die wesentlichen Rassemerkmale festgelegt. Im Jahr 1897 stellte Freiherr von Schorlemer die ersten Rassekennzeichen für den Deutsch Langhaar auf und legte somit den Grundstein für die heutige Reinzucht. Besonderer Wert wird auf die Arbeit im Wasser und auf der Schweißfährte gelegt. Führiger, nervenfester Hund mit ruhigem, ausgeglichenem Wesen. Er ist anhänglich und gut in die Familie des Jägers einzubinden. Er gehört dennoch nur in Jägerhand.

Großer Münsterländer

Ursprünglich eine Farbvariante des Deutsch Langhaar, die 1908 aus der Zucht ausgeschlossen wurde, da sie angeblich auf Einkreuzung fremder Rassen hinwies. Vielmehr war der schwarz-weiße Schlag bei den Münsterländer Bauern schon immer beliebt, und sie blieben ihm treu,

Kleiner Münsterländer

Kleiner Münsterländer

Schulterhöhe Rüde 52–56 cm, Hündin 50–54 cm

Farbe braun-weiß, lohfarbene Abzeichen gestattet

FCI-Nr. 102

Verbreitung sehr häufig

Der Kleine Münsterländer ist ein leichtführiger Hund, der sich gut unterordnet.

denn er eignet sich hervorragend für die Jagd vor und nach dem Schuss in ihren Revieren mit viel Dornengestrüpp, Heide und Moor. Er lebte stets mit in der Familie und ist deshalb anhänglich, führig, intelligent und wachsam.

Kleiner Münsterländer

Der kleinste deutsche Vorstehhund war nicht nur Jagdgefährte, sondern Haus- und Hofhund der Münsterländer Bauern, die seine Wachsamkeit und sein lebhaftes, anhängliches Wesen schätzten. Der im allgemeinen leichtführige Hund ist bei Freizeitjägern beliebt, fühlt sich aber nur wohl, wenn er seiner Veranlagung nachgehen kann. Leider wird er schon als Familienhund vermarktet, was Hund und Besitzer schlecht bekommt.

Linke Seite oben Deutsch Langhaar, unten Großer Münsterländer, diese Seite Kleiner Münsterländer

Epagneuls

Epagneul Breton

Schulterhöhe Rüde 48–51 cm, Hündin 47–50 cm

Farbe weiß mit orange, braun oder schwarz, auch dreifarbig

FCI-Nr. 95

Verbreitung selten

Epagneul Français

Schulterhöhe Rüde 56–61 cm, Hündin 55–59 cm

Farbe weiß und braun gescheckt

FCI-Nr. 175

Verbreitung sehr selten

Der Epagneul Breton ist in Frankreich ein beliebter Familienhund.

Epagneul Breton

Der kleinste französische Vorstehhund, der Bretonische Vorstehhund oder Spaniel, geht auf die mittelalterlichen Vogelhunde zurück und ist in seiner Heimat als hervorragender Jagdhund in schwierigem Terrain sehr beliebt. Er zeichnet sich aus durch feine Nase, sicheres Vorstehen und apportiert zuverlässig das geschossene Tier. Er liebt die Wasserarbeit. Als klassischer Vorstehhund stöbert er nicht. Er ist ausgesprochen leichtführig, intelligent, sanft und sensibel. Deshalb und dank seiner handlichen Größe ideal für Freizeitjäger, die gleichzeitig einen Familienhund suchen (Bild oben).

Epagneul Français

Er ist der älteste und ursprünglichste Französisch Langhaar, der legendäre „sich legende Hund" des Mittelalters. Wie so viele französische Rassen verschwand er nach der Revolution 1790 und lebte erst gegen 1850 wieder auf. Ruhiger, ausgeglichener Allround-Jagdgebrauchshund, der sich besonders in schwierigem Gelände, Dickicht ebenso wie Sumpf hervorragend bewährt. Er geht gerne ins Wasser und apportiert freudig. Der sehr führerbezogene, intelligente und leichtführige Hund hält immer Kontakt zum Jäger. Ein guter Familienhund, wenn er jagdlich geführt werden kann (Bild links).

Rhodesian Ridgeback

Schulterhöhe Rüde 63–69 cm, Hündin 61–66 cm

Gewicht Rüde 36,5 kg, Hündin 32 kg

Farbe hell bis rotweizenfarben, dunkler Fang und Ohren erlaubt

FCI-Nr. 146

Verbreitung häufig

Ridge: ein Streifen gegen den Haarwuchs wachsendes Fell auf dem Rückgrat.

Europäische Afrikaforscher erwähnen die Hunde der Hottentotten mit einem „Ridge". Weiße Siedler kreuzten die einheimischen Hunde mit mitgebrachten Jagdhunden. Da der Hund früher zur Löwenjagd eingesetzt wurde, nennt man ihn heute noch „Löwenhund". Gejagt wurde mit mehreren Hunden, die den Löwen aufspürten und durch geschickte Scheinangriffe stellten und ablenkten, bis der Jäger nahe genug zum Schuss war. Diese Arbeit erforderte unerschrockene, draufgängerische Hunde mit schnellem Reaktionsvermögen, enormer Wendigkeit und Teamgeist. Der anpassungsfähige Hund fühlt sich auch bei uns wohl. Er wird gelegentlich zur Jagd ausgebildet und zeichnet sich dabei durch seine gute Nase und Apportierfreude aus. Er ist sehr intelligent, lernfreudig, kräftig, temperamentvoll und braucht eine konsequente, verständnisvolle Erziehung. Erfahrung und Kenntnis in Hundeverhalten sind nötig. Unter dieser Voraussetzung ist der Ridgeback ein zuverlässiger, niemals langweiliger, pflegeleichter, anhänglicher Familienhund und ein unbestechlicher Wächter und Beschützer. Der bewegungsfreudige Hund ist ein passionierter Augen- und Nasenjäger, lässt sich bei sorgfältiger Erziehung jedoch zurückrufen. Kein Hund für bequeme Menschen!

Magyar Vizsla

Schulterhöhe Rüde 58–64 cm, Hündin 54–60 cm

Farbe dunkles semmelgelb

FCI-Nr. Drahthaar 239, Kurzhaar 57

Verbreitung häufig

Der erste ausgebildete Wasserspürhund in Deutschland war ein Vizsla.

Schon mit der Völkerwanderung kamen Spürhunde ins Karpatenbecken, das heutige Ungarn. Später beeinflussten semmelgelbe türkische Jagdhunde die Rasse, und im 18. Jh. begann die den neuen Jagdmethoden angepasste Zucht. Pointer und Deutsch Kurzhaar wurden eingekreuzt.

Der Ungarisch Drahthaar entstand durch die Einkreuzung von Deutsch Drahthaar. Er ist im Jagdgebrauch etwas robuster, während der Ungarisch Kurzhaar auch als Schauhund gezüchtet wird. Der Vizsla ist ein sehr führerbezogener, gelehriger, leichtführiger Hund, der viel Liebe sucht. Er gehört zu den Alleskönnern, sucht, steht vor, apportiert, ist ein vorzüglicher Fährtenhund und wasserfreudig. Er zeichnet sich durch Ausdauer bei heißem und trockenem Wetter aus. Seine Vielseitigkeit, große Intelligenz und Anhänglichkeit machen ihn zum idealen Begleiter des Freizeitjägers, der gleichzeitig einen angenehmen, gehorsamen Hausgenossen schätzt. Der Vizsla eignet sich auch für den Hundesport außerhalb des Jagdgebrauchs wie z.B. als Katastrophenhund in der Trümmer- und Flächensuche. Der temperamentvolle, arbeitsfreudige Hund braucht Beschäftigung und engen Kontakt mit seinen Menschen.

Schweißhunde

Bayerischer Gebirgs-schweißhund

Schulterhöhe Rüde 47–52 cm, Hündin 44–48 cm

Gewicht ca. 18–28 kg

Farbe hirschrot bis rotgelb, selten dunkel gestichelt, Fang und Behang dunkel bis schwarz

FCI-Nr. 217

Verbreitung selten

Hannoverscher Schweißhund

Schulterhöhe Rüde 50–55 cm, Hündin 48–53 cm

Gewicht Rüde 30–40 kg, Hündin 25–35 kg

Farbe hell- bis dunkel-hirsch-rot, gestromt, mit oder ohne Maske

FCI-Nr. 213

Verbreitung selten

Nachsuche: Verfolgen der Blutspur von verletztem Wild.

Bayerischer Gebirgs-schweißhund

Der unentbehrlicher Jagdgehilfe im unwegsamen Hochgebirge ist der Schweißhund, der frei und spurlaut (bellend) angeschossene Tiere sucht. Darum züchtete man Ende des 19. Jh. aus dem Hannoverschen Schweißhund, der für die Arbeit im Hochgebirge zu schwer war, und einer Tiroler Bracke den Bayerischen Gebirgsschweißhund. Der ausschließlich auf die Nachsuche von Rehen, Gemsen, Wildschweinen usw. spezialisierte Jagdhund ist sehr wendig, ausdauernd und ein exzellenter Kletterer. Er interessiert sich nicht für lebendes Wild und ist stark auf seinen Herrn bezogen, gehorsam und gilt als sensibel.

Hannoverscher Schweißhund

Er geht zurück auf die alten Keltenbracken, die schon um 500 v. Chr. zum Aufspüren des Wildes benutzt wurden. Er ging aus den späteren Leithunden hervor, die starke Hirsche und Keiler aufspürten, die dann von Reitern mit Hundemeuten gehetzt und erlegt wurden. Seit der Jagd mit Gewehren ist er ein Nachsuchespezialist für angeschossenes oder in unserer Zeit angefahrenes Wild. Er arbeitet heute noch frische Fährten vor dem Schuss aus. Die Zucht des Hannoverschen Schweißhundes unterliegt strengster Auslese, da höchste Anforderungen an seine Leistungen gestellt werden. Er wird nur nach Bedarf gezüchtet und ausschließlich in Jägerhand abgegeben.

Oben Bayerischer Gebirgsschweißhund, links Hannoverscher Schweißhund

Bracken

Deutsche Bracke

Schulterhöhe 40–53 cm

Farbe rot bis gelb mit schwarzem Sattel; Fang, Halsring, Brust, Läufe und Rutenspitze weiß

FCI-Nr. 299

Verbreitung häufig

Slovensky Kopov

Schulterhöhe Rüde 45–50 cm, Hündin 40–45 cm

Gewicht 15–20 kg

Farbe schwarz mit loh

FCI-Nr. 244

Verbreitung häufig

Brandlbracke

Schulterhöhe Rüde 50–56 cm, Hündin 48–54 cm

Farbe schwarz mit dunkelbraunem Brand, zwei braune Augenflecken müssen vorhanden sein

FCI-Nr. 63

Verbreitung selten

Alle Bracken sind robust und passioniert und gehören ausschließlich in Jägerhand.

Deutsche Bracke

Zurückgehend auf verschiedene Bracken wird sie seit 1900 offiziell gezüchtet. Der feinfühlige und wesensfeste, im Hause ruhige Hund ist ein passionierter, ausdauernder Spürhund für die Arbeit vor und nach dem Schuss (Waldgebrauchshund) an jedem Wild.

Slovensky Kopov

Die Schwarzwildbracke ist besonders bei der Saujagd sehr beliebt. Sie besitzt bemerkenswerten Orientierungssinn und ist ein guter Wachhund. Passionierter, vielseitig einsetzbarer, anhänglicher und im Wesen angenehmer Jagdhund.

Brandlbracke (Vieräugl)

Die österreichische Glatthaarbracke ist ein hervorragender Schweißhund im Gebirge. Leichtführig, guter Stöberhund zu Lande und zu Wasser, lernt auch zu apportieren.

Von oben nach unten: Deutsche Bracke, Slovensky Kopov und Brandlbracke

Steirische Rauhaarbracke

Schulterhöhe Rüde 47–53 cm, Hündin 45–51 cm

Farbe rot und fahlgelb

FCI-Nr. 62

Verbreitung selten

Tiroler Bracke

Schulterhöhe Rüde 44–50 cm, Hündin 42–48 cm

Farbe rot oder schwarzrot, dreifarbig

FCI-Nr. 68

Verbreitung selten

Westfälische Dachsbracke

Schulterhöhe 30–38 cm

Farbe wie Deutsche Bracke

FCI-Nr. 100

Verbreitung selten

Alpenländische Dachsbracke

Schulterhöhe 34–42 cm

Farbe hirschrot, dunkelhirschrot, schwarz mit rostrotem Brand

FCI-Nr. 254

Verbreitung selten

Die Brackenjagd ist in Deutschland nur in Revieren über 1.000 ha erlaubt.

Von oben nach unten: Alpenländische Dachsbracke, Tiroler Bracke, Westfälische Dachsbracke; rechts Steirische Rauhaarbracke

Tiroler Bracke

Idealer Gebrauchshund für den Wald- und Bergjäger. Sie wird als Bracke (solo) zur lauten Jagd auf Hase und Fuchs und als Schweisshund für Nachsuchen auf alle Wildarten eingesetzt.

Steirische Rauhaarbracke

Kreuzung von Hannoverschem Schweißhund mit rauhaariger Istrianer- und Brandlbracke. Sie eignet sich hervorragend zur Nachsuche in schwierigem Gelände.

Westfälische Dachsbracke

Sie wird vornehmlich zum Stöbern auf Hase, Fuchs, Kaninchen und Wildschwein, aber auch zur Schweißarbeit eingesetzt.

Alpenländische Dachsbracke

Hervorragender Schweißhund auf Schalenwild. Auch laute Jagd auf Hase und Fuchs. Ausdauernder, ruhiger Hund mit feiner Nase, sehr spursicher und spurlaut.

Jagdhunde ohne Führereinfluss

Links: Viel Freiraum brauchen Irish Wolfhound und Deerhound.

Rechts: Der Whippet ist sehr anhänglich und menschenbezogen.

Ganz rechts: Der Beagle knüpft über Beutespiele Bindung an den Menschen.

Unten: Zwei Basset Griffon Vendeen (Grand und Petit) – diese aparten Laufhunde haben ihren ganz eigenen Kopf.

Wölfe kennen alle Finessen der Jagd. Im Rudel gibt es Einzeltiere, die bestimmte Jagdtechniken besonders gut beherrschen und so eine Arbeitsteilung ermöglichen, die das Überleben des Rudels sichert. Diese tief im Erbgut des Hundes verankerten Fähigkeiten machte sich der Mensch seit Jahrtausenden zunutze und schuf durch Zuchtauslese Jagdspezialisten. Die Entwicklung der Jagdhunde geht Hand in Hand mit der der Jagdmethoden und Waffen. Die Geschichte der Jagdhunde ist eng mit der Kulturgeschichte des Menschen verknüpft. Einige haben sich in jüngster Zeit auch als Familienhunde bewährt, ja geradezu zu Modehunden entwickelt, doch so ganz einfach sind sie nicht zu halten. Man muss das Verhalten des Hundes verstehen, um entscheiden zu können, ob man sich das Leben mit einem Hund so vorstellt. Die Schönheit dieser Hunde verleitet zum Kauf, aber die Haltung kann sich als sehr anstrengend erweisen.

› Jagdhunde ohne Führereinfluss

Nasenorientierte Treibjagdhunde Ihre Aufgabe ist das Aufsuchen, Aufstöbern und Aufscheuchen von Wild. Dazu gehören Stellen und Verbellen des Beutetieres. Da sie bei dieser Arbeit den Fähigkeiten des Menschen haushoch überlegen sind, brauchen sie den Menschen nicht. Der Jäger folgt dem Hund und vertraut auf dessen Jagdglück. Diese Hunde folgen ihrer Nase, sobald ein noch so geringer Duft Beute andeutet. Reviergrenzen spielen keine Rolle. Jeder, der mithilft, ist willkommen. Man jagt gemeinsam, aber nicht im wohl organisierten Rudelverband. Für die Mensch-Hund-Gemeinschaft bedeutet das: die Hunde sind selbstständig, haben keine Neigung sich unterzuordnen, sie sind wenig sensibel was die Rangordnung anbelangt. Ihr Revier ist überall, wo man jagen kann. Deshalb sind sie nicht aggressiv und verteidigen weder sozialen Rang noch Reviergrenzen. Sie „hauen ab", denn die passio-

nierten Jäger sind immer auf der Suche nach Beute, wozu alles Essbare gehört, das sich finden lässt, sprich sie sind verfressen.

Augenorienterte Treibjagdhunde Die Welt der Windhunde ist offenes Gelände, wo sie flüchtiges Wild verfolgen, stellen und manchmal töten. Sie verlassen sich auf ihre Augen, denen nicht die geringste

Bewegung bis zum Horizont entgeht. Die osteuropäischen, orientalischen und afrikanischen Windhunde sind selbstständige Langstreckenjäger. Sie spielten eine überlebenswichtige Rolle für den Menschen, wurden hoch geschätzt, aber Unterordnung, Folgsamkeit waren nicht gefragt. Sie sind noch sehr unverfälscht im Rudelverhalten und folgen, wenn sich der Mensch als guter Führer erweist, allerdings wurden aggressive Hunde nie geduldet. Mit dem Menschen das Lager teilend, sind sie revierbewusster als die Nasenjäger, d.h. wachsam und Fremden gegenüber zurückhaltend. Die westlichen Windhunde sind Kurzstreckenläufer für die Hasen- und Kaninchenjagd. In engster Lebensgemeinschaft mit dem Menschen sind sie unterordnungsbereiter und personenbezogener als die Orientalen. Wichtig: Die Westlichen suchen nicht ständig nach Jagdbeute und ziehen dabei weite Kreise weg vom Besitzer, sondern reagieren auf Wild, das unmittelbar vor ihnen auftaucht. Deshalb kann man einen einzelnen gut geprägten und erzogenen Hund leichter frei laufen lassen, da er nicht selbstständig das Weite sucht. Schwieriger wird es mit mehreren Hunden, die sofort eine Jagdgemeinschaft bilden und solchen, die für den Rennsport gezüchtet wurden. Windhunde setzen ihre Energie zielorientiert ein, d.h. sind im Hause ruhig und draußen umso temperamentvoller.

Die Laufhunde des Mittelmeerraums jagen heute noch wie einst, sind sehr ursprünglich im Hundeverhalten, immer auf der Jagd, ungebunden und sehr freiheitsliebend. Der spanische Galgo ist durch die Greyhoundeinkreuzung für kommerzielle Windhundrennen ein Mittelding. Beide Rassen werden hierzulande nur vereinzelt gezüchtet, jedoch häufig über Tierschutzorganisationen vermittelt.

Beagle

Schulterhöhe 33–40 cm

Farbe alle Houndfarben außer leberbraun

FCI-Nr. 161

Verbreitung sehr häufig

Beagle sind robust, das dichte Fell ist wetterfest und pflegeleicht.

Schon die Römer fanden in Großbritannien beagleähnliche Jagdhunde vor. 1475 taucht der Name zum ersten Mal auf. Im 16. Jh. begleiteten Beagles die englischen Könige auf der Jagd. Der Beagle gilt als kleines Ebenbild des ehemaligen Southern Hound, eines vom französischen Bleu de Gascogne abstammenden Hasenjägers. Da kleiner und langsamer als die großen Meutehunde, geht man mit Beaglemeuten zu Fuß anstatt zu Pferd auf die Hasenjagd. In erster Linie wird der Beagle heute Dank seiner Charaktereigenschaften als Familienhund gehalten. Anpassungsfähig, gesellig und verträglich untereinander, eignen sich Beagles leider bestens für Laborzuchten als Versuchstiere. Der kleine weißbunte Jagdhund ist sanft, fröhlich und lustig, intelligent und pfiffig, aber auch etwas stur. Niemals ist der Beagle scharf und aggressiv. Der passionierte Jagdhund folgt nur zu gern jeder Spur und als selbstständig jagender Meutehund zeigt er auch heute noch Unabhängigkeit und Eigenwillen. Deshalb muss der Beagle von klein an konsequent erzogen werden, was bei den putzigen Welpen schwer fällt und oft genug vergebene Liebesmüh' ist, sobald er eine Fährte aufnimmt. Für viele Besitzer ist es ein Problem, dass der ansonsten so anhängliche Hund im Freien Gehorsam vergisst und eigene Wege geht.

Basset Hound

Schulterhöhe 33–38 cm

Farbe alle Houndfarben erlaubt

FCI-Nr. 163

Verbreitung häufig

Kurzbeinigkeit ist bei Haushunden keine seltene Mutation.

Der Basset Hound ist ein Abkömmling des schweren, heute ausgestorbenen französischen Basset d'Artois und des leichteren Basset Artesien Normand. Beide wurden 1874 nach England gebracht und verschmolzen zu einem einheitlichen Typ. 1892 wurde ein Bluthund eingekreuzt und die kurzbeinigen Hunde zur Weiterzucht verwendet. Jagdlich wurde der Basset Hound in kleinen Meuten bei der Hasenjagd eingesetzt und bewährte sich besonders im schwer zugänglichen Dickicht. Er zeichnet sich durch hervorragende Nasenleistung bei der Nachsuche angeschossenen Wildes aus. In Amerika gelangten die Hunde vor Jahren in die Hände von Schauzüchtern, die die Rassemerkmale übertrieben und einen Hund schufen, der nur noch eine Karikatur des ehemaligen Jagdhundes darstellte, aber als knautschiger Hush Puppy über die Schuhreklame in Mode kam. Glücklicherweise ging der Trend rasch vorüber, denn er ist kein einfacher Hund. Der einst selbstständig jagende Hund hat seine Eigenständigkeit bewahrt, was oft als Sturheit und Eigensinn ausgelegt wird. Seine Erziehung bedarf konsequenter Geduld, jedoch wird er nie ein gefügiger Hund, der aufs Wort gehorcht. Der ausgeglichene, verträgliche Basset ist kein sehr lauffreudiger Hund und kein guter Wachhund.

Basset Griffon Vendeen

Schulterhöhe
Petit 34–38 cm,
Grand Rüde 40–44 cm,
Hündin 39–43 cm

Farbe schwarz mit weisser Scheckung (weiss-schwarz); schwarz mit falbfarbenen Abzeichen (schwarz-rot); schwarz mit sandfarbenen Abzeichen; falbfarben mit weisser Scheckung (weiss-orange); falbfarben mit schwarzem Mantel und weißer Scheckung (tricolor); falbfarben schwarz gewolkt; sandfarben schwarz gewolkt mit weisser Scheckung; sandfarben schwarz gewolkt

FCI-Nr. Petit 67, Grand 33

Verbreitung selten

Standardzitat zum Petit: Ein Teufel im Gelände, ein Engel zu Hause. Beide gelten als eigensinnig.

Die französischen Bassets (gesprochen Basseeh) sind kurzbeinige Laufhunde und werden schon im 16. Jh. abgebildet. Der Name geht auf das französische bas = tief, niedrig zurück. Diese Kurzläufigkeit ist eine angeborene, erbliche Knochenverkürzung der Laufknochen (Chondrodystrophia fetalis) und war schon im alten Ägypten bekannt. „Niederläufer" sind mit ihren normalen Rassevettern identisch und weisen keine weiteren Verzwergungsmerkmale auf. Ihr lustiges, ruppiges Aussehen verschaffte ihnen immer mehr Freunde. Am bekanntesten sind die beiden Rassen des Basset Griffon Vendeen, der Petit (klein) und Grand (groß). Sanft in der Familie, stets froh gelaunt und lebhaft besitzen sie Ausdauer, Schnelligkeit und Kraft, die man ihnen nicht zumutet. Dieser selbstständig jagende Hund ist noch immer ein leidenschaftlicher Jäger und deshalb ungeeignet für Menschen, die einen gehorsamen Hund für entspannte Spaziergänge suchen. Der Grand jagt vornehmlich Hasen, der Petit Kaninchen. Sie unterscheiden sich nicht nur in der Größe, sondern auch geringfügig im Aussehen. Einzige Rasse, die es in noch allen vier Laufhundgrößen gibt. Das nie gekämmt wirkende Fell muss regelmäßig gebürstet werden und haart mäßig.

Oben Grand, unten Petit

Dalmatiner

Schulterhöhe Rüde 59–61 cm, Hündin 54–59 cm, jeweils +/- 2 cm

Gewicht Rüde ca. 27–32 kg, Hündin ca. 24–29 kg

Farbe weiß mit runden, klar abgegrenzten und gleichmäßig verteilten schwarzen oder braunen Tupfen

FCI-Nr. 153

Verbreitung sehr häufig

Kann bei beträchtlicher Geschwindigkeit sehr ausdauernd laufen.

Über seine Herkunft ist wenig bekannt. Ich habe ihn wegen seines Typs und Verhaltensähnlichkeiten in diese Gruppe eingestuft. Getupfte Hunde kannten schon die alten Ägypter. Später wurde er als Bracke bezeichnet, aber wo er herkam und was er jagte, ist unbekannt. Selbst in seiner Heimat weiß man nur von Hunden, die 1930 aus England importiert wurden. Vielmehr wird er immer wieder als Kutschenhund bezeichnet und erreichte seine Blüte in Viktorianischer Zeit. Er lebte in den Ställen und begleitete die Kutschen, wo er meist unter der Hinterachse lief. Als das Auto die Kutsche ablöste, hatte der dekorative Hund längst seine Zukunft als Familienhund gefunden. Der Dalmatiner ist sehr lebhaft, temperamentvoll, fröhlich und gelehrig. Er ist nicht aggressiv, aber im Notfall verteidigungsbereit und wachsam. Er braucht viel Bewegung und eignet sich gut für sportliche Menschen, aber er verleugnet sein Jagdhunderbe nicht und muss stets sorgfältig beaufsichtigt werden. Er kam durch die Walt Disney-Filme „1001 Dalmatiner“ in Mode. Kein einfacher Hund, schon gar nicht für bequeme Menschen. Ansonsten unkompliziert und pflegeleicht. Welpen werden weiß geboren, die Tüpfelung kommt erst nach einigen Tagen allmählich durch. Beim Kauf darauf achten, dass das Gehör überprüft wurde und der Hund nicht taub ist.

Irish Wolfhound

Schulterhöhe Rüde mind. 79 cm, Hündin mind. 71 cm

Gewicht Rüde 54,5 kg, Hündin 40,5 kg

Farbe grau, gestromt, rot, schwarz, weiß, rehbraun und alle anderen Deerhoundfarben

FCI-Nr. 160

Verbreitung häufig

Die unnatürliche Größe belastet die Organe, daher geringe Lebenserwartung

Schon die Römer berichteten von riesigen Hunden auf der Insel, die zur Wolfs- und Elchjagd verwendet wurden. Sie waren nicht nur Jagdgefährten, sondern ständige, hoch verehrte Begleiter der Häuptlinge und Könige. Trotz Exportverbots der begehrten Hunde im 16. Jh. war der Irische Wolfshund im 19. Jh. praktisch ausgestorben. Ab 1860 schuf Captain Graham mit Hilfe noch vorhandener Reste wolfhoundblütiger Hunde, Deerhound, Deutsche Dogge, Barsoi und einigen anderen großen Rassen den uns heute bekannten, mächtigen Hund. Diese ungewöhnliche Hundeerscheinung war auf dem besten Wege, Modehund zu werden. Irish Wolfhounds wurden regelrecht vermarktet, aber kaum eine Rasse ist aufgrund ihrer unnatürlichen Größe so anspruchsvoll in Aufzucht und Haltung wie der irische Riese. Jungtiere müssen zur Vermeidung von Knochenschäden mit großer Sorgfalt aufgezogen werden. Beste Kinderstube ist daher Voraussetzung für einen gesunden Hund. Dennoch ist die Lebenserwartung gering. Der sensible Riese ist sanftmütig, menschenfreundlich und kein Schutzhund. Im Hause ist er ruhig, liebt aber ausgedehnte Spaziergänge. Sein Hetztrieb ist nicht ausgeprägt. Er eignet sich nicht für die Rennbahn und selten fürs Coursing.

Deerhound

Schulterhöhe Rüde mind. 76 cm, Hündin mind. 71 cm

Gewicht Rüde 45,5 kg, Hündin ca. 36,5 kg

Farbe dunkles Blaugrau, dunkleres und helleres Grau oder gestromt sowie gelb, rotsandfarben oder rotbräunlich mit schwarzer Maske und schwarzen Ohren, Läufen und Rute; etwas Weiß an Brust, Zehen und Rutenspitze erlaubt

FCI-Nr. 164

Verbreitung selten

Das Rauhaar ist ausgesprochen pflegeleicht und haart kaum.

Der schottische Hirschhund ist ein Aristokrat feinsten Adels und vermutlich der reinste Nachkomme der alten Keltenwindhunde. Schottische Clans züchteten ihn mit größter Sorgfalt für die Wolfs- und Großwildhatz im Hochland. Die Hunde sind dem rauen Klima und Gelände bestens angepasst. Als 1746 die Engländer die Schotten in Calloden schlugen und die Clans auflösten, war auch die Deerhoundzucht bedroht. Ihr Überleben verdankt sie Sir Walter Scott, dem Dichter des 18. Jh., der alles Schottische in ein romantisches Licht rückte und populär machte. Im 19. Jh. verewigte Sir Edwin Landseer den Deerhound auf herrlichen Gemälden. Als auch noch Queen Victoria einen Deerhound hielt, war die Rasse gerettet. Der Deerhound ist zärtlich, aber nie aufdringlich, ruhig im Haus und gehorsam. Draußen zeigt der robuste Läufer sein ganzes Temperament. Die Aufzucht ist teuer und aufwändig, die Haltung des erwachsenen Hundes umso einfacher bei hoher Lebenserwartung, wenn ihm Platz, Bewegungsmöglichkeit und enge Verbundenheit zu seinem Menschen gewährt werden. Gut erzogene Einzelhunde kann man frei laufen lassen, sofern direkte Konfrontation mit Wild vermieden wird. Guter Courser, weniger geeignet für die Rennbahn.

Greyhound

Schulterhöhe Rüde 71–76 cm, Hündin 68–71 cm

Farbe schwarz, weiß, rot, blau, bräunliches rotgelb, sandfarben, gestromt oder jede dieser Farben mit weiß

FCI-Nr. 158

Verbreitung selten

In Deutschland sind Geldwetten beim Windhundrennen verboten.

Der schnellste Hund der Welt gilt als Vollblut unter den Windhunden. Der Kurzstreckenspezialist erreicht im Spurt bis zu 100 km/h! Schon die Kelten brachten 375 v. Ch. Windhunde mit auf die britische Insel. Der Name kann sowohl vom keltischen grey = hund stammen als auch auf Gazehound = Sichthund oder greecehound = griechischer Hund hinweisen.

Windhunde genossen stets die besondere Zuneigung ihrer adligen Herren, und man findet sie auf Darstellungen aus der Antike bis zur Gegenwart. Der Greyhound wurde in England beim sog. Coursing eingesetzt, bei dem zwei Greys den lebenden Hasen hetzten. Später wurden bei Bahnrennen hinter dem künstlichen Hasen stattliche Summen verwettet und der Greyhound zum Profitobjekt, das todgeweiht ist, wenn es die Leistung nicht mehr erbringt. Tierschutzorgansationen nehmen sich der armen Kreaturen europaweit an. Greyhounds sind liebevolle, anschmiegsame, ruhige Hausgenossen, dabei anspruchslos in Haltung und Pflege. Sie brauchen unbedingt engen Familienanschluss. Bei liebevoller Erziehung sind sie gehorsame Gefährten. Der angeborene Hetztrieb macht Freilaufen in wildreicher Gegend schwierig. Er liebt Rennen und Coursing, wird aber auch nur als Showhund gezüchtet.

Whippet

Schulterhöhe Rüde 47–51 cm, Hündin 44–47 cm

Farbe alle

FCI-Nr. 162

Verbreitung häufig

Ausgesprochen pflegeleichter, sauberer Wohnungshund.

Der Whippet, das „Rennpferd des kleinen Mannes", wurde von Bergleuten und Fabrikarbeitern in Nordengland gezüchtet und trug mit einem ab und an erwilderten Kaninchen zum Lebensunterhalt der Familie bei. Neben dem Wildern brachte er Wettgelder beim Kaninchenfangen in geschlossenen Arenen ein, als das verboten wurde, bei Bahnrennen. Hetzobjekt war ein Tuch, das der Besitzer am Ende der Bahn schwenkte. Der Whippet ist ein ruhiger, sensibler Hausgenosse, zärtlich seiner Familie zugetan, lebhaft, fröhlich und verspielt im Freien, stets zu gemeinsamen Unternehmungen bereit. Der intelligente Hund lässt sich leicht mit leisen Worten erziehen, man darf jedoch seine Persönlichkeit nicht unterschätzen. Der Whippet ist sehr anhänglich und liebt engsten Körperkontakt mit seinen Menschen, ist aber nie aufdringlich und Fremden gegenüber eher zurückhaltend. Vom Terrier hat er die Reviertreue und ist wachsam. Der Kurzstreckensprinter tobt sich beim Spiel oder mit anderen Whippets aus, auch Agility oder Frisbee machen ihm Spaß. Da gehorsam und anhänglich, kann man Einzelhunde, die nicht aus einer rennorientierten Zucht stammen, frei laufen lassen, wenn das Wild nicht vor seiner Nase wegläuft. Coursing ist dem Bahnrennen aus gesundheitlichen Gründen vorzuziehen.

Afghanischer Windhund

Schulterhöhe Rüde 68–74 cm, Hündin 63–69 cm

Farbe alle Farben zulässig

FCI-Nr. 228

Verbreitung häufig

Coursing ist ein die echte Jagd nachempfindendes Geländerennen.

Einer der schönsten Hunde ist zweifellos der Afghane. Weitgehend selbstständig jagen die Hunde einzeln, zu zweit oder zu mehreren alles, was das Land – Steppe und Gebirge– an jagdbarem Wild hergibt, vom Hasen über Gazellen bis hin zum Schneeleoparden. Diese Selbstständigkeit hat sich der Afghanische Windhund bis heute bewahrt. Ende des 19. Jh. gelangten die Hunde mit britischen Offizieren nach England. Zunächst züchtete man den Wüstentyp (Bell-Murray) und den Gebirgsafghanen (Ghazni). Doch ging der weniger attraktive, weil kürzer behaarte Wüstenrenner bald im Ghazni auf. In den 30er Jahren des 20. Jh. kamen die ersten Afghanen nach Deutschland. Der stolze, unabhängige, niemals um Zuneigung heischende Hund braucht einen verständnisvollen Besitzer, denn die üblichen Erziehungsmethoden haben wenig Erfolg. Der Mensch muss sich als umsichtiger Führer beweisen, was schwer fällt, da er jagdlich vollkommen unbegabt ist. Der Hund braucht sehr viel Bewegung, kann aber wegen seiner Jagdpassion nicht frei laufen. Ein großes, sicher eingezäuntes Grundstück, das am besten mehreren Hunden Auslaufmöglichkeit bietet, sollte vorhanden sein. Coursing ist eine schöne Ersatzjagd. Das herrliche, seidige Haar verlangt intensive Pflege.

Saluki

Schulterhöhe 58–72 cm, Hündin proportional kleiner

Farbe alle Farben und Farbkombinationen, außer gestromt; sehr selten kurzhaarig ohne Befederung

FCI-Nr. 269

Verbreitung häufig

Bis auf das Kämmen der langen Haare an Ohren und Rute pflegeleicht.

„Der Saluki ist kein Hund, er ist ein Geschenk Allahs, zu unserem Nutzen und zu unserer Freude gegeben", so sagt der Koran. Der persische Windhund lebt in seiner heutigen Form seit Jahrtausenden im gesamten Orient, von China bis nach Arabien, in Ägypten und der Türkei. Je nach Region ist er derber oder eleganter, mehr oder weniger stark an Ohren, Läufen und Rute befranst. Der Saluki – vermutlich benannt nach der alten arabischen Stadt Saluq – ist ein Langstreckenläufer. Vor dem Reiter sitzend, ritt er mit zur Jagd. Während der Falke das Wild erspähte und durch seine Attacken irritierte, hetzte der vom Pferd gelassene Saluki die Beute zum Stand. Gejagt wurde alles vom Hasen über die Gazelle bis zum Vogel Strauß, ebenso Onager, Wolf, Fuchs und Schakal. Um 1700 gelangte er mit arabischen Pferden nach England. Der zurückhaltende, sensible Hund schließt sich sehr eng an seine Bezugsperson an, die mit ihm „jagt" – sprich die Befriedigung seiner Jagdpassion ermöglicht, am besten beim Coursing oder auf der Rennbahn. Der im Hause ruhige, im Freien lebhaft verspielte Hund kann mit viel Lob und Liebe zu einem gehorsamen Hausgenossen erzogen werden, allerdings vergisst er alles beim Anblick eines Hetzobjekts. Fremden gegenüber ist der Saluki reserviert, jedoch nicht scheu oder aggressiv. Der würdevolle Hund ist intelligent und unabhängig.

Sloughi und Azawakh

Sloughi

Schulterhöhe Rüde 66–72 cm, Hündin 61–68 cm

Farbe hell sandfarben bis zu rot-sandfarben, mit oder ohne schwarze Maske, schwarzen Mantel, schwarze Stromung oder schwarze Wolkung

FCI-Nr. 188

Verbreitung selten

Azawakh

Schulterhöhe Rüde 64–74 cm, Hündin 60–70 cm

Gewicht Rüde 20–25 kg, Hündin 15–20 kg

Farbe hell Sandfarben bis zum dunklen Fauve, auch gestromt, mit oder ohne schwarze Maske und/oder Blesse; weißer Brustfleck, Rutenspitze und Pfoten

FCI-Nr. 307

Verbreitung selten

Beide Windhundrassen findet man heute noch in ihrem ursprünglichen Lebensraum.

Sloughi

Der nordafrikanische Windhund gilt mit Pferd und Kamel als kostbarster Besitz der Beduinen. Er lebt wie ein verehrtes Familienmitglied im Zelt und ist Fremden gegenüber misstrauisch und durchaus verteidigungsbereit. Bei der Jagd sprang der Sloughi vom galoppierenden Pferd, sobald er das flüchtende Wild erspähte, hetzte und stellte es. Heute ist die Jagd verboten. Auch der Sloughi braucht eine sehr einfühlsame Erziehung, ist ein ruhiger und sauberer Hausgenosse, vorausgesetzt er kann sich auf einem großen eingezäunten Grundstück mit seinesgleichen austoben und regelmäßig an Coursing oder Rennen teilnehmen.

Azawakh

Schnell wie der Wind, ausdauernd wie das Kamel und schön wie das Araberpferd – so könnte man den graziösen Windhund der Tuareg, jener geheimnisvollen Nomaden der Südsahara, nennen. Sie schätzen ihn als Jäger und Wächter. Von ursprünglicher Wildheit, lebhaft und aufmerksam, ist er zu Fremden reserviert und liebenswürdig zu jenen, denen er seine Zuneigung schenkt. Der stolze, selbstständiges Jagen gewohnte Hund will mit viel Geduld und Liebe erzogen werden. Kenntnis in Hundeverhalten ist nötig, denn unangebrachte Härte macht ihn unsicher; ein Versagen als Rudelführer verzeiht er nie.

Oben Sloughi, rechts Azawakh

Barsoi

Schulterhöhe Rüde 75–85 cm, Hündin 68–78 cm

Farbe alle Farben außer blau, braun (schokoladenfarben), einfarbig oder gescheckt

FCI-Nr. 193

Verbreitung häufig

Das seidige weiche, gewellte bis lockige Haar muss regelmäßig gekämmt werden.

Die Vorfahren der Russischen Windhunde dürften schon die Tataren aus dem Osten mitgebracht haben. Mindestens seit Beginn der Zarenherrschaft im 14. Jh. wurde der Barsoi für Hetzjagden auf Hasen, Füchse und Wölfe gezüchtet. Bei der Oktober-Revolution vernichtete das Volk nahezu alle Hunde des verhassten Adels. Der Barsoi drohte in Russland auszusterben, aber inzwischen hatte er als Repräsentationsstück in vielen reichen europäischen und amerikanischen Bürgerhäusern Einlass gefunden, so dass die Rasse überlebte. Sein Wesen zeichnet sich durch vornehme Gelassenheit und Zurückhaltung aus. Sehr angenehmer, sanfter Familienhund, der engen Kontakt zu seinen Menschen und Lebensraum braucht. Er lässt sich mit liebevoller Konsequenz leicht erziehen und verträgt keine Grobheiten. Der im Hause ruhige Hund bellt selten und besitzt angeborenen Schutztrieb. Fremden gegenüber ist er unnahbar. Er zeigt wenig Interesse an Artgenossen, wird er jedoch provoziert, ist er ein kompromissloser Gegner mit ungeheurer Kraft und Wendigkeit. Der schnelle, auf Mittelstrecken ausdauernde Hund braucht viel Freilauf, was bei dem passionierten Hetzhund schwierig ist. Auch er liebt Coursing und Bahnrennen.

Italienisches Windspiel

Schulterhöhe 32–38 cm

Gewicht max. 5 kg

Farbe einfarbig schwarz, schiefergrau, isabellfarben, weiß an Brust und Pfoten zulässig

FCI-Nr. 200

Verbreitung selten

Das dünne Fell schützt nicht vor Kälte und Nässe; reiner Wohnungshund.

Früher nannte man alle Windhunde Windspiel. Den kleinsten Windhund kann man in seiner heutigen Form bis in die Antike zurückverfolgen. Stets war er der Liebling der Könige und feinen Damen. Der berühmteste Windspielfreund war zweifellos Friedrich der Große, König von Preußen, der seine Hunde über alles liebte. Das kleine Windspiel, das so zerbrechlich wirkt mit angezogenem Pfötchen und immer zu frieren scheint, ist bei natürlicher, robuster Aufzucht keineswegs empfindlich, sondern ein harter und engagierter Jagd- und Rennhund, der viel Bewegung braucht. Bei liebevoller, aber konsequenter Erziehung ist das Windspiel gehorsam und hat keine Neigung, sich von seinen Menschen zu entfernen, so dass man es gut frei laufen lassen kann. Windspiele kann man gut zu mehreren halten, was auch bei begrenzten Raumverhältnissen möglich ist, denn er ist ausgesprochen anhänglich und liebt den Körperkontakt zu seinen Menschen. Dabei besitzt er eine unerwartet starke Persönlichkeit und viel Mut, der manchmal über seine tatsächliche Kraft hinausgeht. Das Windspiel ist ein unterhaltsamer, lebhafter Hausgenosse, eignet sich jedoch weniger als Gefährte kleiner Kinder. Bemerkenswert hohe Lebenserwartung.

Mediterrane Lauf- und Windhunde

Galgo Espanol

Schulterhöhe Rüde 62–70 cm, Hündin 60–68 cm

Farbe alle, rauhaarig oder kurzhaarig

FCI-Nr. 285

Verbreitung sehr selten

Podencos

Schulterhöhe je nach Schlag unterschiedlich, Ibicenco z.B. Rüde 66–72 cm, Hündin 60–67 cm

Farbe weißrot, einfarbig weiß oder rot, löwengelb; rau- oder glatthaarig

Verbreitung wird in Deutschland nicht gezüchtet

Hier kennt man sie durch die Vermittlungsarbeit der Tierschutzorganisationen.

Galgo Espanol

Reste reinrassiger Galgos hetzen heute noch in Andalusien und Kastilien Hasen und bewachen Bauernhöfe. Für professionelle Windhundrennen kreuzte man die spanischen Windhunde mit Greyhounds. Der echte Galgo ist ein schneller, ausdauernder Jäger. Als Gefährte ist er ruhig, sehr personenbezogen und Fremden gegenüber misstrauisch bis aggressiv. Wachsam. Greyhoundblütige ausgediente Rennhunde werden über Tierschutzorganisationen vor einem oft grausamen Tod bewahrt und nach Deutschland vermittelt. Dankbare, liebevolle Hausgenossen mit vielen Greyhoundeigenschaften.

Podencos

Im ganzen Mittelmeerraum von den Kanaren bis nach Kreta findet man diesen Hundetyp, der schon in der Antike bekannt war. Podencos werden heute noch zur Jagd eingesetzt und jagen mit Nase und Auge und apportierten ihre Beute. Sie sind robust und dem rauen Gelände und Klima ihrer Heimat angepasst. Der selbstständige Jäger, der nie eine enge Bindung an den Menschen kannte, ist schwierig zu halten. Die Erziehung setzt Geduld und Verständnis voraus, trotzdem bleibt er unabhängig und folgt ausschließlich seiner Jagdpassion. Leider werden sie in ihrer Heimat oft erbärmlich gehalten, von Tierschutzorganisationen gerettet und ins Ausland vermittelt.

Oben Galgo Espanol, links Podenco Ibicenco

Eigenständige Jäger

Parson Jack Russell Terrier bei der Jagd in eiszeitlichen Geröllhalden.

Rechts: Der Dackel hat eine großartige Laufbahn als Familienhund eingeschlagen.

Ganz rechts: Der Deutsche Jagdterrier ist ein ausgesprochen passionierter, aggressiver, selbstständiger Jäger, der sich nicht zum Familienhund eignet.

In dieser interessanten Gruppe finden wir viele Begleithunde, obwohl es ausgesprochen eigenständige Hunde sind, die eines gemeinsam haben: Sie suchen und stellen die Beute – und töten sie! Sie arbeiten im Alleingang, deshalb ist der soziale Rudelinstinkt schwach ausgeprägt. Sie werden gezielt dort eingesetzt, wo sie jagdlich aktiv werden sollen: Am Bau oder im engeren Lebensraum des Beutetieres. Dieses begrenzte Jagdrevier verteidigen sie vehement. Beutetiere sind Fuchs, Dachs, Marder, Otter, Ratten – alles wehrhafte Tiere. Terrier – der Name bedeutet „unter der Erde“ – wurden in England kultiviert. In jeder Region gab es für jeden Zweck eigene Typen. Füchse ernähren ihre Welpen auch von neugeborenen Lämmern und werden von den Schäfern gnadenlos bejagt. In den kargen Bergregionen mit dünner Erdkrume leben sie in eiszeitlichen Geröllhalden. Kleine Terrier huschen in die schmalen Spalten ohne Hoffnung auf Hilfe von außen. Auf einen Kampf mit dem Fuchs dürfen sie sich nicht einlassen, Angriff und Töten ist ihre Strategie. Nur die härtesten, geschicktesten und klügsten Hunde überleben das. Auch Dachs und Otter waren früher beliebtes Jagdwild. Rattenfangen brachte gutes Geld ein. Die Terrier waren wertvolle Hausgenossen, je draufgängerischer desto besser. Man verlangte keine Unterordnung, er sollte nur seine Aufgabe beherrschen. Bei der Fuchsjagd als Freizeitvergnügen begüterter Briten darf der Hund den Fuchs nur unverletzt aus seinem Versteck treiben, sonst wäre der Jagdspaß vorbei.

Was der Terrier in England, ist der Teckel in Deutschland. Als kurzbeiniger Brackenabkömmling ist er nicht nur ein schneidiger Kämpfer unter der Erde (nicht zuletzt durch die Einkreuzung von Terrier), sondern auch für andere jagdliche Aufga-

ben wie Stöbern und Suchen nach angeschossenem Wild einzusetzen.

Einige Terrier und unsere Schnauzer und Pinscher lebten in Pferdeställen, als das Pferd vor dem Auto wichtigstes Transportmittel war. Paradiesische Zeiten für Ratten und Mäuse. Die Hunde hielten die kleinen Nager kurz und verteidigten ihr

Revier mit Nachdruck gegen Eindringlinge, denn Pferde waren begehrtes Diebesgut. Beutetiere und die Art zu jagen erforderte keine Zusammenarbeit mit dem Jäger und anderen Hunden, die Geschicklichkeit des Einzelnen machte den Erfolg aus, abgesehen davon, dass man Ratten und Mäuse schlecht teilen kann. Die Hunde hatten keine enge Bindung zum Menschen. Ihre Aufgabe lag ihnen im Blut, Ausbildung und Erziehung waren unnötig. Menschen gingen aus und ein, oftmals hatten sie für den Hund nur einen Tritt übrig. Ein Mensch musste sich das Vertrauen eines solchen Rattenpinschers erst erwerben.

Für den Hundehalter bedeutet das: Eigenwillige Hunde, die sich durchsetzen wollen, dabei durchaus ihre Zähne gebrauchen, wenn sie gelernt haben, sie erfolgreich einzusetzen. Sie mögen fremde Hunde nicht und sind auch zu mehreren gehalten streitsüchtig, was man schon unter Wurfgeschwistern erleben kann. Sie sind fremden Menschen gegenüber misstrauisch, als kluge Opportunisten lernen sie jedoch schnell, dass Besucher Streicheleinheiten und Leckerchen bedeuten und das Revier nicht streitig machen. Sie sind wachsam und trauen sich auch zuzubeißen, wenn es denn sein muss.

Diese Hunde machen dem erfahrenen Hundehalter sehr viel Freude, der mit den selbstbewussten Herrschaften umzugehen weiß und sich nicht ins Bockshorn jagen lässt. Die cleveren Kerlchen begreifen rasch, wie weit sie gehen können und lassen sich gut erziehen, aber gehorchen tun sie nur dem, den sie als Boss anerkennen, weil sie keine Chance haben sich durchzusetzen, so liebenswert schelmisch sie es auch anstellen mögen! Sie haben auch keine Probleme mit Menschen, die dem Hund alle Privilegien des Ranghöchsten einräumen und ihm huldigen, was öfter vorkommt als man denkt. Dafür nimmt der Mensch so manche „Marotte" des Hundes schmunzelnd hin, ohne zu ahnen, was da eigentlich in der Mensch-Hund-Beziehung passiert. Bei den kleinen Vertretern ist das kein ernstes Problem, bei den großen darf man es nicht so weit kommen lassen.

Terrier
Airedale Terrier > 103
Australian Terrier > 99
Bedlington Terrier > 101
Border Terrier > 106
Cairn Terrier > 96
Cesky Terrier > 100
Dandie Dinmont Terrier > 101
Deutscher Jagdterrier > 93
Fox Terrier > 109
Irish Glen of Imaal Terrier > 104
Irish Soft Coated Wheaten Terrier > 105
Irish Terrier > 104
Jack Russell Terrier > 108
Kerry Blue Terrier > 105
Lakeland Terrier > 102
Manchester Terrier > 107
Norfolk Terrier > 98
Norwich Terrier > 98
Parson Russell Terrier > 108
Scottish Terrier > 97
Sealyham Terrier > 100
Skye Terrier > 97
Welsh Terrier > 102
Westie > 96

Schnauzer & Pinscher
Dobermann > 111
Pinscher > 110
Schnauzer > 110

Dachshund > 94

Dachshund

Gewicht
Normalschlag ca. 9 kg

Brustumfang Normal ab 35 cm, Zwerg 30–35 cm, Kaninchen bis 30 cm

Farbe Lang- und Kurzhaar einfarbig rot, rotgelb, gelb mit oder ohne schwarze Stichelung; zweifarbig schwarz oder braun mit rostbraunen oder gelben Abzeichen; gefleckt, getigert, gestromt; Rauhaar überwiegend saufarben, ansonsten wie Lang- und Kurzhaar

FCI-Nr. 148

Verbreitung sehr häufig

Alle Dackel sind pflegeleicht, der Langhaar wird regelmäßig gekämmt.

Der Teckel oder Dackel stammt von kurzbeinigen Bracken ab. Kurzbeinigkeit erleichtert das Durchstöbern dicht bewachsener Regionen, der langsamere Hund kann vom Jäger leichter verfolgt werden und in Dachs- und Fuchsbaue einschliefen. Der Vollblutjagdhund von erstaunlicher Vielseitigkeit kämpft unter der Erde tollkühn gegen den Fuchs und den ihm körperlich überlegenen Dachs, jagt spurlaut, stöbert, zeigt beste Leistungen auf Schweiß und kann sogar bei der Wasserarbeit eingesetzt werden. Trotz seiner Jagdpassion ein beliebter Begleithund. Der Clown, der Schelm, der Schauspieler unter den Hunden wird nie langweilig, seine Mimik ist unnachahmlich. Er weiß genau, wie er seine Menschen um den Finger wickeln kann. Er ist zärtlich, rücksichtsvoll, dreist und draufgänge-

Linke Seite: oben saufarbener Rauhaarteckel in Normalgröße, unten links saufarbener Zwerg-Rauhaarteckel, unten rechts roter Langhaar-Kaninchenteckel

Diese Seite: oben roter Langhaarteckel in Normalgröße, unten schwarzroter und getigerter Kurzhaarteckel in Normalgröße

risch, wann immer es die Situation erfordert. Der wachsame, ja durchaus verteidigungsbereite Dackel versteht es, sich Respekt zu verschaffen. Da er bei seiner Arbeit auf selbstständiges Handeln angewiesen ist, darf man ihm eigenen Entscheidungswillen nicht als Ungehorsam auslegen. Bei liebevoll-konsequenter Erziehung ist auch der Dackel ein gehorsamer Hausgenosse. Das Problem scheint, dass Dackelbesitzer oft alle Prinzipien über dem Charme des Vierbeiners vergessen. Am beliebtesten ist der Rauhaarteckel, der eine gute Portion Terrierblut in seinem robusten Charakter ausdrückt. Der aparte, edle Kurzhaar war einst als ständiger Begleiter des letzten deutschen Kaisers Modehund und ist heute eher selten. In den 60er Jahren des 20. Jh. war der Langhaarteckel „in", den man heute wieder öfter sieht. Teckel gibt es in mehreren Größen, die nach dem Brustumfang unterschieden werden, sowie in vielen aparten Farben.

Cairn und West Highland White Terrier

Cairn Terrier

Schulterhöhe 28–31 cm

Gewicht 6–7,5 kg

Farbe rot, creme, weizenfarben, grau oder nahezu schwarz, gestromt

FCI-Nr. 4

Verbreitung sehr häufig

West Highland White Terrier

Schulterhöhe ca. 28 cm

Farbe weiß

FCI-Nr. 85

Verbreitung sehr häufig

Das raue Fell des Cairn ist pflegeleicht und wird nur in Form gezupft.

Nicht Sport, sondern Notwendigkeit bestimmte die Jagd auf die lämmerraubenden Füchse. In der dünnen Erdkrume des schottischen Hochlands lebt der Fuchs nicht unter der Erde, sondern in eiszeitlichen Geröllhalden, den Cairns. Hier überleben nur die kühnsten, härtesten Terrier ihre Aufgabe, den Fuchs zu töten. Weiße Welpen wurden als minderwertig ausgemerzt. Nur ein gewisser Major Malcolm aus Poltalloch nahm die Zucht auf. Seine Hunde waren genauso gute Jäger wie die farbigen **Cairns** und wurden 1904 als **West Highland White Terrier** anerkannt. In Deutschland wurde er durch Fernsehwerbung zum Moderenner mit nachfolgender Massenproduktion. Beide sind selbstbewusst, immer fröhlich, aber als typische Terrier gleichgeschlechtlichen Artgenossen gegenüber selten wohl gesonnen. Die selbstständigen, jedoch nicht eigensinnigen Hunde lernen schnell, brauchen aber eine konsequente Erziehung, sonst schwingen sie sich zum Familienoberhaupt auf. Sie sind wachsam ohne unnötig zu kläffen. Gute Stadthunde, da man sie mit Spiel und Toben in Bewegung halten kann. Der Westie sieht allerdings nur bei sorgfältiger Pflege so schön weiß aus. Er wird getrimmt.

Oben Westie,
rechts Cairn Terrier

Scottish und Skye Terrier

Scottish Terrier

Schulterhöhe 25,4–28 cm

Gewicht 8,6–10,4 kg

Farbe schwarz, weizenfarben, gestromt in jeder Farbe

FCI-Nr. 73

Verbreitung häufig

Skye Terrier

Schulterhöhe 25–26 cm, Länge von der Nasen- bis zur Rutenspitze 103 cm

Farbe grau, falbfarben, cremefarben mit schwarzer Markierung an Ohren und Fang, schwarz

FCI-Nr. 75

Verbreitung selten

Beide sind wachsam, aber nicht laut und haben ein mäßiges Laufbedürfnis.

Scottish Terrier

In der Abgeschiedenheit der Täler und Inseln entwickelten sich verschiedene schottische Terriertypen. Zu Beginn der Rassehundezucht trennte man sie in Rassen auf und stritt zunächst, wer den Namen tragen durfte. Ein Capt. Gordon Murray setzte sich mit seinem Typ durch, und aus dem urigen Jagdhund wurde ein Salonlöwe, der seiner ursprünglichen Aufgabe nicht mehr nachgehen kann und in Amerika zum Modehund wurde. Der Schotte ist ein ruhiger, gesetzter, ernster Hund, der sich nur schwer mit Fremden anfreundet. Seiner Familie treu ergeben, besitzt er dennoch eine starke Persönlichkeit. Das Fell wird getrimmt.

Skye Terrier

Eine außergewöhnliche Erscheinung ist der Terrier von der Isle of Skye im Nordwesten Schottlands. Der harte Jäger gelangte schon früh in den Showring. Längst kann er keinen Fuchs mehr jagen, obwohl es nicht an Schneid fehlt. Schwierige, eigenwillige Persönlichkeit und pflegeintensiv. Er schließt sich nur dem an, den er als Herrn und Meister akzeptiert. Fremden gegenüber ist er misstrauisch. Der enorm kräftige Hund ist trotz seiner kurzen Beine ein zuverlässiger Beschützer. Man muss dieses eigenbrötlerische Wesen lieben, will man mit ihm glücklich werden.

Oben Scottish Terrier, links Skye Terrier

Norfolk und Norwich Terrier

Schulterhöhe 25–26 cm

Farbe rot, weizenfarben, grau oder schwarzloh oder grizzle

FCI-Nr. Norfolk 272, Norwich 72

Verbreitung häufig

Natürliches Aussehen erwünscht, sie dürfen nie frisiert wirken.

Sie unterscheiden sich im Wesentlichen nur dadurch, dass der Norwich Stehohren und der Norfolk Kippohren besitzt. Bis in die 60er Jahre des 20. Jh. wurden beide Varianten gekreuzt. Sie stammen aus der südenglischen Grafschaft Norfolk (Hauptstadt Norwich), einem fruchtbaren Agrargebiet. Die Farmer brauchten kleine Terrier zum Kurzhalten von Ratten, Mäusen und Kaninchen. Auch zur Fuchs- und Dachsjagd wurden sie eingesetzt. Man vermutet eine Verwandtschaft mit Cairn und Scottish Terrier. Studenten der Universität Cambridge machten sie populär: Zum Zeitvertreib jagten sie mit ihnen Bisam- und Hausratten an den zahlreichen Kanälen der Stadt und Umgebung. Da die Hunde möglichst unauffällig mit den Studenten die kleinen Unterkünfte teilen mussten, bewährte sich nur ein verträglicher, anpassungsfähiger, kleiner Hund. Die kompakten Terrier sind selbstbewusst, aber nicht rauflustig, lebhaft, robust und stets fröhlich. Dabei zärtlich, liebenswürdig und gelehrig, lassen sie als Familienhunde wenig zu wünschen übrig. Wenn man sie den ganzen Tag um sich haben kann und ihnen ausreichend Bewegung verschafft, sind sie gut in der Stadt zu halten. Das raue Fell wird nur in Form gezupft. Der Hund haart dann nicht und ist pflegeleicht.

Oben Norwich Terrier, rechts Norfolk Terrier

Australian Terrier

Schulterhöhe ca. 25 cm, Hündin weniger

Gewicht 6,5 kg, Hündin weniger

Farbe blau mit loh, sandfarben oder rot

FCI-Nr. 8

Verbreitung häufig

Trotz kurzer Beine ist der Australian ein sportlicher, bewegungsfreudiger Hund.

Die ersten Siedler Australiens brachten nicht nur ihre Habseligkeiten auf den Schiffen mit, sondern auch Ratten, die sich auf dem neuen Kontinent in Windeseile vermehrten. Auf den Schiffen führte man zur Ratten- und Mäusebekämpfung immer kleine Terrier mit. Auch schottische und irische Einwanderer hatten ihre unentbehrlichen kleinen Helfer an Bord. Die kurzbeinigen, rauhaarigen Hunde mit dem stahlgrauen Fell waren für ihre unbestechliche Wachsamkeit berühmt. In Australien wurden sie mit allen möglichen Terriern – man vermutet Irish Glen of Imaal und Skye Terrier, die die blaue Farbe beigesteuert haben könnten, und Norwich Terrier – gekreuzt, die man auf den Farmen und in den Siedlungen zur Bekämpfung der Ratten brauchte. Die Zucht auf Schönheit begann erst Ende des 19. Jh. Der Australian ist ein robuster, draufgängerischer, fröhlicher Hund, dabei intelligent und anhänglich. Ich habe ihn bei Haltung in größerer Zahl als sozial verträglich kennen gelernt. Fremden Menschen gegenüber ist er aufgeschlossen. Er ist wachsam, aber nicht aggressiv. Ein leicht zu erziehender Hund, der auch dem Anfänger Freude macht. Das pflegeleichte Fell wird nur in Form gezupft. Die Pfoten müssen kurz behaart sein.

Česky und Sealyham Terrier

Česky Terrier

Schulterhöhe 25–32 cm, ideal beim Rüden 29 cm, bei der Hündin 27 cm

Gewicht 6–10 kg

Farbe graublau und milchkaffeefarben mit hellen Abzeichen

FCI-Nr. 246

Verbreitung selten

Sealyham Terrier

Schulterhöhe max. 31 cm

Gewicht Rüde 9 kg, Hündin 8,2 kg

Farbe weiß, weiß mit gelben, braunen, blauen oder dachsfarbenen Flecken an Kopf und Ohren

FCI-Nr. 74

Verbreitung sehr selten

Das seidige Fell des Česky wird in Form geschnitten, was die Pflege erleichtert.

Česky Terrier

Der bekannte Wissenschaftler Frantisek Horak suchte einen passionierten, aber nicht zu aggressiven und selbstständigen Terrier und kreuzte ab 1949 leichtführige Sealyham mit scharfen Scottish Terriern und schuf einen leichten, wendigen, umgänglichen und leichtführigen Terrier voller Jagdpassion. 1963 wurde die Rasse offiziell anerkannt. Heute ist der Česky ein idealer Wohnungshund, sauber, klein, wachsam aber nicht bissig. Ruhig und anpassungsfähig, zärtlich und gehorsam, gut geeignet für ältere Menschen, die noch viel spazieren gehen können. Wegen seiner Anhänglichkeit bereitet die Jagdpassion kaum Probleme. Pflegeintensives Fell.

Sealyham Terrier

Ende des 19. Jh. von Capt. Edwardes auf Sealy Ham in Wales gezüchteter, unerschrockener, harter Jäger auf Dachs, Otter, Wiesel, Iltis und Kaninchen. Ein Sealyham Terrier musste sozialverträglich mit anderen Hunden sein. Der moderne Sealyham ist zu schwer, plump und reich behaart für die Jagd, dafür ist er ein angenehmer, fröhlicher Hausgenosse, der gerne spielt und läuft. Er soll freundlich, gelehrig, furchtlos und aufmerksam sein. Seine tiefe Stimme lässt einen größeren Hund vermuten und macht ihn zum effektvollen Wächter, der Fremden gegenüber zurückhaltend ist. Er wird getrimmt.

Oben Česky Terrier, rechts Sealyham Terrier

Bedlington Terrier und Dandie Dinmont Terrier

Bedlington Terrier
Schulterhöhe ca. 41 cm
Gewicht 8–10,5 kg
Farbe blau und leber- und sandfarben, blau und loh
FCI-Nr. 9
Verbreitung selten

Dandie Dinmont Terrier
Gewicht 8–11 kg
Farbe mustard (Senf), pepper (Pfeffer)
FCI-Nr. 168
Verbreitung selten

Blaue Bedlington-Welpen kommen schwarz auf die Welt.

Bedlington Terrier

Er versorgte einst die Familien englischer Bergarbeiter um Bedlington mit erwilderten Kaninchen, wertvollen Otterpelzen und brachte Geld als Rattenfänger ein. Er ist u.a. eng verwandt mit dem Dandie Dinmont Terrier. Die Schäfchenschur erhielt er erst als Ausstellungshund. Sein äußerer Eindruck täuscht: Er ist noch immer ein scharfer Jäger und harter Kämpfer. Intelligent und lernfreudig lässt er sich vielseitig ausbilden. Der wachsame, schneidige Vierbeiner ist ein zärtlicher Hausgenosse, der nie ängstlich sein darf. Sehr angenehmer Begleithund. Er haart nicht, muss aber regelmäßig gekämmt werden. Die Frisur aus dem flachsartigen Haar wird mit der Schere in Form geschnitten.

Dandie Dinmont Terrier

Er trägt den Namen der Romanfigur Dandie Dinmont, die solche Hunde hatte. Dieser literarische Aufstieg zu Beginn des 19. Jh. verschaffte ihm Zutritt zu Englands feinsten Kreisen, so dass er sich schnell zum Salonlöwen entwickelte. Man bezeichnet ihn als den Philosophen unter den Terriern, ruhig wenn nötig und lebhaft wenn möglich. Fremden gegenüber ist der Dandie unnahbar, zu seinen Menschen zärtlich und umgänglich. Er ist ein wachsamer Hund mit respekteinflößender Stimme und fängt noch immer Ratten. Ein Hund für besonnene, ruhige Menschen. Das Haarkleid wird regelmäßig gekämmt und in Form gezupft, der Hund sollte aber nie frisiert wirken.

Oben Bedlington Terrier, links Dandie Dinmont Terrier

Welsh und Lakeland Terrier

Welsh Terrier

Größe max. 39 cm

Gewicht 9–9,5 kg

Farbe schwarz mit loh, grizzle mit loh

FCI-Nr. 78

Verbreitung häufig

Lakeland Terrier

Schulterhöhe max. 37 cm

Gewicht Rüde 7,7 kg, Hündin 6,8 kg

Farbe schwarz und loh, blau und loh, rot, weizenfarben, rotgrizzle, leberbraun, blau oder schwarz

FCI-Nr. 70

Verbreitung selten

Loh und Tan sind braune Abzeichen an Kopf und Läufen.

Welsh Terrier

In Wales trieb er bei Fuchsjagden mit Hundemeuten zu Pferde den Fuchs unverletzt aus dem Bau. Auch der Welsh ist ein beherzter, draufgängerischer typischer Terrier. Der fröhliche, in seiner Familie liebenswürdige, beliebte Terrier wird oft als „kleiner Airedale“ bezeichnet.

Bei ausreichender Bewegung und Beschäftigung sind sowohl Lakeland als auch Welsh gut in der Stadt zu halten. Der Welsh ist gleichgeschlechtlichen Hunden gegenüber oft unverträglich und nicht gut zu mehreren zu halten. Als typische Terrier brauchen sie eine konsequente Erziehung. Sie sind gelehrig, aber nicht unterordnungswillig. Beide haaren nicht, wenn sie regelmäßig getrimmt werden.

Oben Welsh Terrier, rechts Lakeland Terrier

Lakeland Terrier

Auch er gehört zu den Rassen, die im englischen Lake District, wo viel Schafzucht betrieben wird, den Fuchs kurz halten sollen. Es ist keine sportliche Fuchsjagd, sondern es geht um die Existenz der Farmer, deshalb soll der kleine Terrier den Fuchs im Bau stellen und töten. 1912 gelangten die Terrier in die Ausstellungsszene, sie werden jedoch nach wie vor ohne Ahnentafeln für den Jagdgebrauch gezüchtet. Heute ist der Lakeland ein guter Familienhund, wachsam, klein, pflegeleicht, immer fröhlich und vergnügt, doch geht er einer Rauferei nur ungern aus dem Wege.

Airedale Terrier

Schulterhöhe Rüde 58–61 cm, Hündin 56–59 cm

Farbe loh mit schwarzem oder grizzlefarbenem Sattel, Nacken und Rutenoberseite

FCI-Nr. 7

Verbreitung sehr häufig

Die schwarz mit gelben Abzeichen geborenen Welpen und werden später heller.

Der „König der Terrier" stammt aus dem Tal der Aire in Mittelengland. Vermutlich entstand er aus der Kreuzung von Otterhound mit scharfen Terriern, um einen wasserfreudigen Jagdhund auf Otter, Wasserratte, Marder, Iltis, aber auch Wasservögel zu erzielen. Dank konsequenter Auslese entwickelte sich der Airedale Terrier zu einem überaus robusten, vielseitig einsetzbaren Hund. Er erlangte weltweite Berühmtheit als Sanitäts- und Meldehund in beiden Weltkriegen, was ihm den Namen „Kriegshund" einbrachte. Es gibt eigentlich nichts, wozu man den Airedale nicht verwenden könnte: Blindenführhund, Rettungshund, Lawinenhund, Jagdhund und Familienhund. Er ist temperamentvoll, aber nicht nervös, lernfreudig und gut erziehbar. Er ist wachsam und zeigt Schutztrieb, wenn gefordert. Er braucht Beschäftigung und Bewegung ebenso wie eine konsequente Erziehung. Man muss seine charmanten Anläufe, die Führung zu übernehmen, durchschauen und unterbinden. Ein wenig Kenntnis in Hundeverhalten reicht dazu aus. Kein Hund für bequeme Menschen oder das Stadtleben. Ein Vorteil für viele: Er verliert keine Haare, wenn er regelmäßig getrimmt wird. Der Airedale Terrier gehört in Deutschland zu den anerkannten Diensthunderassen.

Irish und Irish Glen of Imaal Terrier

Irish Terrier

Schulterhöhe 45 cm

Gewicht Rüde 12,25 kg, Hündin 11,4 kg

Farbe einfarbig rot

FCI-Nr. 139

Verbreitung häufig

Irish Glen of Imaal Terrier

Schulterhöhe max. 35,5 cm

Gewicht 16 kg, Hündin weniger

Farbe blau, gestromt oder weizenfarbig

FCI-Nr. 302

Verbreitung sehr selten

Das drahtige Fell wird regelmäßig getrimmt und haart dann nicht.

Irish Terrier

Die „Roten Teufel" Irlands entwickelten sich wie alle irischen Terrier in abgelegenen Gegenden zu ihrem heutigen Rassebild. Sie waren einst tolldreiste Dachsjäger. Überhaupt scheint seine Lebenseinstellung „Sieg oder Tod!" Er besitzt einen ausgezeichneten Ruf als Rattenfänger und Kaninchenjäger. Ohne zu zögern verfolgt er das Kaninchen durch dorniges Gestrüpp und Ratten bis ins Wasser. Der unwiderstehliche Charme des Irish Terrier liegt in Draufgängertum, großer Treue und Hingabe an seinen Menschen. Ein zärtlicher Hitzkopf! Als auf sich selbst gestellter Jäger mit starker Persönlichkeit braucht der intelligente Hund eine konsequente Erziehung, am besten eine handfeste Ausbildung, denn er eignet sich zu Turnierhundsport, Agility und jagdlicher Führung. Nach wie vor geht ein Irish Terrier keiner Rauferei aus dem Wege. Irish Terrier sind anstrengende Hunde und nicht geeignet für entspannte Spaziergänge, denn sie ordnen sich nur selten so weit unter, um eigene Interessen aufzugeben. Für Menschen mit natürlicher Autorität, die sich viel im Freien mit dem Hund beschäftigen und bewegen wollen, ist er ein unermüdlicher Gefährte. Immer fröhlich, immer einsatzbereit ist der Ire ideal für Menschen, die Langeweile hassen.

Oben Irish Terrier, links Irish Glen of Imaal Terrier

Irish Glen of Imaal Terrier

Der zähe, draufgängerische Strubbelkopf aus dem Tal Imaal ist ein schneidger Jagdhund auf Dachs, Fuchs und Otter. Er braucht konsequente Erziehung und ist bei Bedarf mutig entschlossen, ansonsten sanft und gelehrig.

Irish Soft Coated Wheaten und Kerry Blue Terrier

Irish Soft Coated Wheaten

Schulterhöhe 46–48 cm, Hündin etwas weniger

Gewicht Rüde 18–20,5 kg, Hündin etwas weniger

Farbe jede Schattierung zwischen hellem weizen und rotgold

FCI-Nr. 40

Verbreitung häufig

Kerry Blue

Schulterhöhe Rüde 45,5–49,5 cm, Hündin 44,5–48 cm

Gewicht Rüde 15–18 kg, Hündin entsprechend weniger

Farbe blau mit oder ohne schwarze Maske und Ohren

FCI-Nr. 3

Verbreitung selten

Beim Wheaten hat erst im Alter von 2 ½ Jahren das weiche Fell ohne Unterwolle die erwünschte Struktur.

Irish Soft Coated Wheaten Terrier

Der Irische Weichhaarige Weizenfarbige Terrier musste sich auf den Farmen sein Futter verdienen. Der Alleskönner ernährte sich vornehmlich von Ratten und Mäusen, trieb das Vieh ein, beschützte Haus und Hof und half bei der Jagd. Fröhlicher, temperamentvoller Hausgenosse, menschenfreundlich, wachsam aber nicht bissig. Anhänglich und klug lässt er sich mit Konsequenz und Liebe leicht erziehen. Er braucht Beschäftigung und Bewegung. Das Fell ist pflegeintensiv, haart nicht und kann der Einfachheit halber geschnitten werden.

Kerry Blue Terrier

Er stammt aus der Region „Ring of Kerry", wo er die einsamen Farmen bewachte, Ratten und Mäuse kurz hielt und das Vieh trieb. Der Kerry Blue Terrier ist ein Hund, der alles kann. Er ist gelehrig, ein zuverlässiger Wächter, der nur bellt wenn nötig. Der temperamentvolle, nie nervöse Hund braucht Beschäftigung. Stark revierbezogen ist er fremden Hunden gegenüber unduldsam. Der selbstbewusste Hund braucht konsequente Führung. Er haart nicht, das seidige Fell wird in Form geschnitten.

Oben Soft Coated Wheaten Terrier, links Kerry Blue Terrier

Border Terrier

Gewicht Rüde 5,9–7,1 kg, Hündin 5,1–6,4 kg

Farbe rot, weizenfarben, graumeliert (grizzle) mit tan, blau und tan

FCI-Nr. 10

Verbreitung häufig

Haart nicht, wenn das Fell regelmäßig in Form gezupft wird.

Der Border Terrier stammt aus dem Grenzraum (Border) England/Schottland und wurde nach der Border Hunt (Grenzjagd), einer Parforce-Meute, benannt. Jede Meute wird von Terriern begleitet, die den unter die Erde gehenden Fuchs wieder ans Tageslicht treiben. Schönheit war bei diesen Hunden unwichtig. Körperbau und Fell mussten lediglich den Anforderungen gerecht werden: die Läufe lang genug, um mit den Pferden zu galoppieren, der Brustkorb schmal genug, um dem Fuchs unter die Erde zu folgen, das Fell wasserabweisend und schützend, das Gebiss stark genug, um auch Dachs und Otter zu töten. Nach wie vor wird der Border Terrier in Großbritannien jagdlich geführt, aber er fand auch seinen Weg zu Hundeausstellungen und als Familienhund. Der mit Artgenossen verträgliche Hund ist ein beliebter „Zweithund“. Der Border Terrier ist freundlich, gesellig, intelligent, genügsam und pflegeleicht. Der robuste Naturbursche mit dem ausgeglichenen Temperament lässt sich gut erziehen. Er hat sich jedoch seine Eigenständigkeit als Jäger bewahrt und geht schon mal gerne seiner Wege, wenn man nicht aufpasst. Ausdauernder Begleiter für sportliche Menschen, er liebt Abwechslung und Bewegung.

Manchester Terrier

Schulterhöhe Rüde 40–41 cm, Hündin 38 cm

Farbe schwarzlohfarben

FCI-Nr. 71

Verbreitung selten

Bei ausreichend Beschäftigung und Bewegung auch in der Stadt gut zu halten.

Glatthaarige, schwarzlohfarbene (black and tan) Terrier gibt es in Großbritannien seit Jahrhunderten. Sie gelten als Vorfahren vieler moderner Terrierrassen und sicherlich auch der Deutschen Pinscher. Sie wurden zu Tierkämpfen eingesetzt. In der Bergbauregion war das Rattentöten ein beliebter Sport, bei dem es um viel Geld ging.

Je mehr Ratten ein Hund tötete, desto wertvoller war er. Berühmte Rattenkiller zeichneten sich auch bei der Kaninchenhatz aus und wurden mit Whippet gepaart. So entstand um Manchester herum ein eleganter, schneller Typ. Da in dieser Region die ersten Hundeausstellungen stattfanden, war er schon früh ein beliebter Showhund. Heute ist der Manchester eher eine Rarität, obwohl er ein überaus angenehmer Begleithund ist. Manchester Terrier waren stets eng mit dem Menschen verbunden, wurden nie in Zwingern, sondern stets in kleiner Anzahl im Haus gehalten. Wir haben es hier mit einem sehr häuslichen, freundlichen Hund zu tun, der ausgesprochen pflegeleicht ist. Das feine Haarkleid schützt nicht vor extremen Temperaturen. Solange der Hund in Bewegung ist, stört ihn Kälte nicht. Der Manchester ist wachsam, aber nicht bissig, temperamentvoll und bewegungsfreudig, ohne ständig Beschäftigung zu fordern. Gelehrig und leicht erziehbar dürfte er auch unerfahrenen Hundehaltern Freude machen.

Jack Russell und Parson Russell Terrier

Jack Russell

Schulterhöhe ideal zwischen 25 und 30 cm

Gewicht zwischen 5 und 6 kg

Haarkleid/Farbe glatt, rau oder stichelhaarig, weiß mit schwarzen und braunen Abzeichen

FCI-Nr. 345

Verbreitung mit Ahnentafel sehr selten, ohne häufig

Parson Russell

Schulterhöhe Rüde ideal 36 cm, Hündin ideal 33 cm

Haarkleid/Farbe rau oder glatt, weiß mit braunen und/oder schwarzen Abzeichen an Kopf und/oder Rutenansatz

FCI-Nr. 339

Verbreitung sehr häufig

Beide sind in GB beliebt wie bei uns der Dackel, auch vor der Rasseanerkennung.

Eine junge und alte Rasse zugleich verkörpert er die Urform des Fox Terriers, ehe dieser zum gestylten Ausstellungshund wurde. Der 1795 geborene Pfarrer (Parson) John (Jack) Russell war passionierter Jäger, Hundezüchter und züchtete neben Show Fox Terriern weißbunte robuste Jagdterrier. Sie kannten weder Standard noch Schönheitswettbewerbe, sondern erfreuten sich besonderer Beliebtheit bei Jägern und Reitern, wo sie in den Ställen Ratten und Mäuse kurz hielten und bei den großen Fuchsjagden zum Einsatz kamen. Anfang der 80er Jahre tauchten die Hunde in Deutschland auf. Aussehen und Charakter waren sehr unterschiedlich, und da sie auf dem besten Wege zum Modehund sind, werden sie ohne Sinn und Verstand vermehrt. Daher trifft man viele aggressive Hunde an. Beide Terrier sind ausgesprochen lebhaft, schneidig und draufgängerisch, sehr selbstständig und voller Durchsetzungsvermögen. Trotzdem sollen sie umgänglich und nicht bissig sein. Russells sind klug, wachsam aber nicht unfreundlich, sehr robust und immer auf Trab. Kein Hund für bequeme oder nervöse Menschen. Ein idealer Partner für Menschen mit ähnlich starker Persönlichkeit. Diese Hunde in zwei Rassen aufzuteilen, war eine rein politische Entscheidung.

Oben Jack Russell Terrier, rechts Parson Russell Terrier

Fox Terrier

Schulterhöhe Drahthaar: Rüde max. 39 cm, Hündin kleiner

Gewicht Rüde 8,25 kg, Hündin etwas leichter; Glatthaar: Rüde 7,3–8,2 kg, Hündin 6,8–7,7 kg

Farbe weiß mit schwarzen, schwarz- und lohfarbenen oder lohfarbenen Abzeichen an Kopf oder Rutenansatz

FCI-Nr. Drahthaar 169, Glatthaar 12

Verbreitung sehr häufig

Der Glatthaarfox wird in Deutschland auch jagdlich geführt.

Bei der „sportlichen" Fuchsjagd zu Pferde in Großbritannien dürfen die Terrier den Fuchs nicht töten, sondern müssen ihn möglichst unverletzt aus seinem Versteck heraustreiben, damit die Jagd weitergehen kann. Weißbunte Hunde werden bevorzugt, weil sie sich besser vom Fuchs unterscheiden. Alle Foxl sind selbstbewusste, harte Terrier mit großer Jagdpassion. Intelligenter, unternehmungslustiger, immer fröhlicher, sehr gelehriger und wachsamer Begleiter. Robuster, unverwüstlicher Bursche, der beschäftigt werden will und selten einem Streit mit Artgenossen aus dem Weg geht. Der Foxl ist ausgesprochen dominant und braucht konsequente Erziehung, da er sonst Boss im Hause wird. Dennoch weiß er sich mit viel Charme durchzusetzen und ist seinen, ihm ergebenen Menschen ein zärtlicher und anhänglicher Hausgenosse, wenn keine anderen Interessen anstehen. Der Glatthaarfox ist noch schneidiger und härter als der Drahthaar, der schon öfter Modehund war und etwas angepasster ist. Der Drahthaarfox haart nicht, wenn er sachkundig getrimmt wird, und nur dann bleiben die Farben satt bunt und reinweiß. Der Glatthaarfox ist pflegeleicht, haart aber.

Oben Drahthaar, unten Glatthaar

Schnauzer und Pinscher

Schnauzer

Schulterhöhe 45–50 cm

Gewicht 14–20 kg

Farbe schwarz, pfeffersalz

FCI-Nr. 182

Verbreitung sehr häufig

Pinscher

Schulterhöhe 45–50 cm

Gewicht 13–18 kg

Farbe rot und schwarz mit roten Abzeichen

FCI-Nr. 184

Verbreitung häufig

Bei regelmäßigem Trimmen ist der Schnauzer pflegeleicht und haart nicht.

Der ehemalige „Rattenpinscher" lebte in Ställen und Scheunen, fing Ratten und Mäuse und bewachte den Hof. Der „urdeutsche" Bauernhund war hauptsächlich in Süddeutschland beheimatet. 1882 baute der Hundezüchter Max Hartenstein aus Württemberg die Schnauzerzucht konsequent auf und legte besonderen Wert auf üppigen Bart, Augenbrauen sowie rein graue Farbe. Die kurzhaarige Variante, die oft in einem Wurf mit rauhaarigen Welpen geboren wurde, stand stets im Schatten des bärtigen Bruders. Pinscher wurden in den beim Schnauzer ausgemerzten Farben gezüchtet. Fuhrleute schätzten den sauberen Hund, denn saß ein Pinscher auf dem Fuhrwerk, wagte niemand Pferd und Wagen anzurühren. Nach dem 2. Weltkrieg musste die Rasse mit viel Mühe vor dem Aussterben bewahrt werden. Beide sind selbstbewusst, unerschrocken und brauchen ebenso selbstbewusste, konsequente Menschen, die sie freundlich und bestimmt zu nehmen verstehen. Die zuverlässigen Wächter sind fremden Hunden gegenüber unduldsam und fremden Menschen nicht aufgeschlossen. In der Familie jedoch anhänglich und unternehmungslustig. Unnötige Härte, aber auch Nachgiebigkeit vertragen sie nicht. Schnauzer zeigen gelegentlich, Pinscher häufiger Jagdtrieb.

Oben Schnauzer (Pfeffersalz), rechts roter Pinscher

Dobermann

Schulterhöhe Rüde 68–72 cm, Hündin 63–68 cm

Gewicht Rüde 40–45 kg, Hündin 32–35 kg

Farbe schwarz und dunkelbraun mit rotbraunen Abzeichen

FCI-Nr. 143

Verbreitung sehr häufig

Das kurze Fell ist pflegeleicht, aber kein Schutz bei Hitze, Kälte und Nässe.

Der 1834 in Apolda geborene Louis Dobermann war Hundefänger, Steuereintreiber, Nachtpolizist und Abdecker. Er züchtete scharfe Hunde, die als bedingungslose Kämpfer, unbestechliche Wächter und raubzeugscharfe Jagdhunde galten, mannscharf waren und sich nicht von Stockschlägen oder Schüssen beeindrucken ließen. Der ausgesprochene Einmannhund schließt sich der Person eng an, deren Führungsqualitäten er anerkennt. Als sehr territorial orientierter Hund ist er in seinem Revier fremden Hunden gegenüber unverträglich und abweisend gegen fremde Menschen. Sorgfältige Prägung und frühzeitige Gewöhnung an Artgenossen und Menschen sind unbedingte Voraussetzungen für einen sozial verträglichen Hund. Nur durch Dobermannbesitzer, die den umgänglichen und gut sozialisierten Hund gar nicht wollen, sondern seine Wesensart noch unterstützen, gerät der Dobermann leider in Verruf. Der pflegeleichte, sehr temperamentvolle Hausgenosse braucht viel Bewegung und Aufgaben, er ist immer wachsam, immer in Hab-Acht-Stellung. Bellfreudigkeit und Neigung zum Wildern müssen von klein an unterbunden werden. Ein guter Dobermann ist niemals ängstlich, nervös oder ohne Grund aggressiv. Der Dobermann sollte unbedingt eine solide Ausbildung genießen und im Hundesport geführt werden. Der anerkannte Diensthund eignet sich nicht für bequeme Menschen und darf nie unüberlegt angeschafft werden.

Hunde vom Urtyp

Links: Siberian Huskys sind die Rennpferde unter den Schlittenhunden.

Rechts: Der Tschechoslowakische Wolfshund – eine Mischung aus Wolf und Hund

Rechts außen: Wolfsspitze sind reviertreu.

Unten: Ein kleiner, charmanter Jäger – der Shiba Inu aus Japan

Man nennt sie so, weil sich ihre Beziehung zum Menschen und ihr Aussehen seit Jahrtausenden nicht verändert haben, was alte Felszeichnungen belegen. Der Mensch hat an ihnen nicht herumgezüchtet, sondern ihre vielseitigen Fähigkeiten genutzt. Sie alle haben spitze kleine Stehohren und eine meist auf dem Rücken getragene Ringelrute. Diese ursprünglichen Hunde kennen wir als Schlittenhunde, Wachhunde, Jagdhunde und sogar Hütehunde. Einige werden heute noch genutzt wie eh und je, einige wurden den speziellen Bedürfnissen der Lebensumstände angepasst und einige in jüngster Zeit durch Kreuzungen geschaffen. Sie besitzen eine sehr komplette Instinktveranlagung, sind stark sozialorientierte Meutejäger und, mit Ausnahme der Schlittenhunde, sehr revierbewusst. Es sind interessante Hunde, die ihre Eigenständigkeit bewahrt haben und deshalb in unserer modernen Gesellschaft nicht unbedingt leicht zu halten und keine bequemen Begleiter sind. Ausnahme sind die deutschen Spitze, die schon seit vielen Jahrhunderten in der häuslichen Gemeinschaft unseres Zivilisationsraums leben und entsprechend angepasst sind.

› Schlittenhunde

Von Beginn der gemeinsamen Beziehung an nutzte der Mensch als nomadisierender Jäger den Hund zum Lastenziehen: sei es bei den Wanderungen von Hab und Gut oder nach der gemeinsamen Jagd die Beute zurück ins Lager. Je nach Lebensraum waren sie wachsam, und wo frei grasende Haustierherden gehalten wurden, galt es diese zu schützen. Ihre Beziehung zum Menschen war eine reine Nutzgemeinschaft, denn das Leben war für Mensch und Tier hart. Man löste gemeinsame Aufgaben zum beiderseitigen Nutzen, aber man lebte in seiner eigenen Welt. Wenn sich der Mensch mit dem Hund intensiv beschäftigte, dann war es nicht zum Zeit-

vertreib, sondern machte für den Hund Sinn. Es entsprach seiner Natur, die Junghunde lernten durch Sehen und Nachahmen, der Trainingsaufwand war, wenn überhaupt, minimal. Wer sich nicht in die jeweiligen Lebensumstände einfügte und das Überleben der Gemeinschaft gefähr-

dete, konnte nicht überleben. Bindung an eine bestimmte Person war unerwünscht, denn der Hund musste mit jedem arbeiten, der ihn brauchte. Die Hunde haben sich ihre Eigenständigkeit bis heute bewahrt. Das Jagen liegt ihnen im Blut, Rudelordnung ist für sie wichtig, Unterordnung ohne praktischen Sinn jedoch undenkbar. Sie brauchen Lebensraum und sind keinesfalls als Wohnungshunde geeignet. Unsere herkömmlichen Erziehungsvorstellungen versagen gänzlich, vielmehr muss man sich als Rudelchef bewähren und Anerkennung erarbeiten. Und das ist wirklich nicht leicht!

› Jagdhunde

Nordische Jagdhunde und Laiki werden in Deutschland nicht gezüchtet. Vielmehr fanden die japanischen Spitze in aller Welt Freunde. Sie sehen hübsch aus, aber sie sind sehr schwierig. Als selbstständige Jäger vor dem Schuss ziehen sie auf eigene Faust los und ordnen sich nur dem unter, der es versteht, ein starker Rudelführer zu sein. Da hier keine Jagdmöglichkeit für sie besteht, wird der Mensch in diesem Punkt in den Augen des Hundes immer versagen, so dass der Hund in freier Natur sofort das Ruder übernimmt. Diese Hunde sind

wachsam und verteidigen ihr Revier, deshalb gegen andere Hunde unduldsam. Der Basenji Afrikas ist ebenfalls ein Jäger des Urtyps, entstammt aber einem ganz anderen Lebensraum.

› Hütehunde

Als einziger fand der Island Hund bei uns Freunde.

› Wachhunde

Die europäischen Spitze sind anhänglicher und unterordnungsbereiter als die asiatischen. Sie machten sich als Ratten-, Mäuse- und Abfallvertilger nützlich, thronten meist auf dem warmen Misthaufen vor dem Haus und meldeten alles, was sich regte. Fremde Menschen mögen sie auch heute nicht. Zu den Wachhunden vom Urtyp zählen wir die neuen Kreationen aus Wolf und Deutschem Schäferhund, die die scharfen Sinne des Wolfes mit der Anpassung an den Menschen verbinden sollten.

Siberian Husky und Alaskan Malamute

Siberian Husky

Schulterhöhe Rüde 53,5–60 cm, Hündin 50,5–56 cm

Gewicht 20–28 kg, Hündin 15,5–23 kg

Farbe rein weiß bis rot und schwarz mit allen Zwischenstufen, typische weiße Kopfmaske

FCI-Nr. 270

Verbreitung häufig

Alaskan Malamute

Schulterhöhe Rüde 63,5 cm, Hündin 58,5 cm

Gewicht Rüde 38 kg, Hündin 34 kg

Farbe alle Schattierungen von wolfsgrau bis schwarz und von sandfarben bis rot mit hellen Abzeichen oder reinweiß

FCI-Nr. 243

Verbreitung häufig

Alaskan Huskys sind rein für den Rennsport gezüchtete Mischlinge.

Siberian Husky

Hund nomadisierender Rentierzüchter und sesshafter Fischer und Jäger in Sibirien. 1909 brachte ein russischer Pelzhändler erstmals Huskys nach Alaska, wo sie bei Schlittenhundrennen Erfolg hatten. Ruhm erlangten sie durch den Staffellauf über 674 Meilen. Sie transportierten das Serum gegen Diphtherie und konnten die Stadt Nome vor einer Epidemie retten. In den 70er Jahren kamen die ersten Huskys nach Deutschland, es folgten schnell organisierte Schlittenrennen. Huskys besitzen starken Jagdtrieb, sind Meister im Ausbrechen, nie unterordnungsbereit und als Familienhunde denkbar ungeeignet, obwohl sie liebenswert und nicht aggressiv gegen Mensch und Hund sind.

Alaskan Malamute

Hund der Malamuten, einem Eskimostamm im westlichen Alaska, der als Lastenzieher bei den Polarexpeditionen Berühmtheit erlangte. Der Kraftprotz mit ausgesprochenem Selbstbewusstsein ist kaum unterordnungsbereit und benötigt von klein an konsequente Erziehung. Kein Hund für Anfänger oder Menschen, die weder Zeit noch Neigung haben, sich intensiv mit dem Hund auseinander- und durchzusetzen. Kann im Schlittensport, beim Langlauf und vor dem Rennwagen sportlich gearbeitet werden. Der Malamute ist wachsam.

Beide Rassen brauchen eine starke Führung, eine Aufgabe, viel Freiraum und sind keine Haus- oder gar Wohnungshunde.

Oben Siberian Husky, rechts Alaskan Malamute

Samojede und Grönlandhund

Samojede

Schulterhöhe Rüde 57 cm, Hündin 53 cm

Farbe reinweiß, cremefarben oder weiß mit bisquit

FCI-Nr. 212

Verbreitung selten

Grönlandhund

Schulterhöhe Rüde mind. 60 cm, Hündin mind. 55 cm

Farbe alle außer Albinos

FCI-Nr. 274

Verbreitung sehr selten

Grönlandhunde ziehen Touristenschlitten auf dem Jungfraugletscher.

Samojede

Jagd-, Rentierhütehund und Lastenzieher des russischen Volksstammes der Samojeden. Seine Bindung an den Menschen war eng, er durfte mit in den Zelten leben, seine Selbstständigkeit wurde aber nie infrage gestellt. Der Samojede ist intelligent, aufmerksam, voller Tatendrang und Menschen herzlich zugetan. Er will beschäftigt werden und braucht viel Bewegung. Robust und wetterfest liebt er den Aufenthalt im Freien. Er ist nicht unterordnungsfreudig und braucht konsequente Führung, Jagdpassion und selbstständiges Wesen lassen ihn eigene Wege gehen. Beim Schlittenrennen weniger schnell als ausdauernd. Das weiße Fell ist pflegeintensiv. Der stets lächelnde Hund bezaubert durch seinen Charme, ist jedoch kein einfacher Hund.

Grönlandhund

Ursprünglichster aller Schlittenhunde, da die wenigen Exemplare außerhalb Grönlands direkt auf die dort noch traditionell gehaltenen Hunde zurückgehen. Als reines Arbeitsmittel der Eskimos, das sein Leben im Geschirr angebunden verbringt, zeigt er keine Bindung an den Menschen. Die Hunde kooperieren im harten Daseinskampf mit dem Menschen bei der Jagd und ziehen Lasten. Sie sind Artgenossen gegenüber aggressiv. Für ein Leben in unseren Breiten nicht geeignet.

Oben Samojede, unten Grönlandhund

Mittel- und Kleinspitz

Mittelspitz

Schulterhöhe 34 cm +/- 4 cm

Farbe schwarz, weiß, braun, orange, graugewolkt; andersfarbig, creme, creme-sable, orange-sable, black and tan, Schecken

FCI-Nr. 97

Verbreitung selten

Kleinspitz

Schulterhöhe 26 cm +/- 3 cm

Farbe wie Mittelspitz

FCI-Nr. 97

Verbreitung häufig

Der Mittelspitz zählt zu den vom Aussterben bedrohten Hunderassen.

Spitze sind die älteste Haushundform überhaupt und entwickelten sich auf der ganzen Welt. Insbesondere die deutschen Spitze sind hervorragende Haus- und Familienhunde und gehörten früher zum Alltagsbild des bäuerlichen und kleinbürgerlichen Lebens. Geschätzt wurde ihre Wachsamkeit und ihr Eifer, Ratten und Mäuse zu fangen. Dieses Image des „gewöhnlichen Hundes" ließ ihn mit Aufkommen neuer, prestigeträchtiger Hunderassen ins Hintertreffen geraten. Dabei eignen sich die anpassungsfähigen Klein- und Mittelspitze bestens als Wohnungshunde. Bei entsprechender Erziehung lässt sich die sprichwörtliche Bellfreudigkeit in Grenzen halten, jedoch ist der Spitz immer ein zuverlässiger Wächter, der Fremden gegenüber ausgesprochen misstrauisch ist. Dafür ist er seinen Menschen umso mehr zugetan, er ist sensibel, anpassungsfähig und bewegungsfreudig. Groß genug, um lange Wanderungen mitzumachen, klein genug, um seinen Menschen überall hin zu begleiten. Der sehr gelehrige, leicht zu erziehende Hund zeichnet sich durch fehlenden Jagdtrieb und Anhänglichkeit aus. Spitze sind sehr reinlich, das lange Haar braucht regelmäßige Pflege, neigt aber nicht zum Verfilzen.

Großspitz und Wolfsspitz

Großspitz

Schulterhöhe 46 +/- 4 cm

Farbe schwarz, weiß, braun

FCI-Nr. 97

Verbreitung selten

Wolfsspitz

Schulterhöhe 49 cm +/- 6 cm

Farbe silbergrau mit schwarzen Haarspitzen, schwarzer Fang

FCI-Nr. 97

Verbreitung häufig

Auch der Großspitz ist vom Aussterben bedroht, schwarz gibt es z.Zt. nicht.

Linke Seite oben Kleinspitz, unten Mittelspitz, diese Seite oben und unten rechts Wolfsspitz, unten links Großspitz

Großspitz

Der Großspitz ist auf Grund unkluger Zuchtpolitik vom Aussterben bedroht. Schade, denn der Großspitz ist dank seiner Reviertreue und Wachsamkeit ein idealer Haus- und Hofhund für Menschen, die ein Leben außerhalb der Stadt suchen. Der Spitz ist eine selbstbewusste Persönlichkeit, die sich nur ungern unterordnet. Der Hund geht gerne spazieren, liebt den Aufenthalt im Freien und ist zufrieden, wenn er seiner Aufgabe als Wachhund gerecht werden kann. Er duldet fremde Artgenossen nur ungern in seinem Bereich. Attraktiver Begleithund, der größere Aufmerksamkeit verdient.

Wolfsspitz

Alter Bauernwachhund, der seinen Namen von der wolfsgrauen Färbung hat. Die stolze Persönlichkeit erregt Aufmerksamkeit und Achtung. Er ist ein unbestechlicher Wächter mit angeborenem Schutztrieb. Seine Grenzen überschreitet niemand unbeschadet. Allerdings ist er wenig unterordnungsbereit und muss mit sehr viel Geduld, Einfühlungsvermögen und Konsequenz erzogen werden. Der robuste Spitz liebt den Aufenthalt im Freien, braucht Bewegung und Beschäftigung. Wegen geringer Neigung zum Wildern wird er von der Jägerschaft gerne als Hofhund in wildreichem Gebiet empfohlen. Als ausgesprochen revierbewusster Hund nicht unbedingt freundlich im Umgang mit Artgenossen.

Schipperke

Gewicht zwei Klassen: 3–5 kg und 5–8 kg

Farbe schwarz

FCI-Nr. 83

Verbreitung selten

Der sehr arbeitsfreudige und kooperative Hund eignet sich gut für Agility.

Kleiner Schäferhund vom Spitztyp, dessen Name vom flämischen „Scheperke" = kleiner Schäferhund abgeleitet wird. Er wird schon im 15. Jh. schriftlich erwähnt und auf vielen Gemälden alter flämischer Meister als Bestandteil des bäuerlichen Lebens gezeigt. Er wurde weniger zum Hüten eingesetzt, sondern war auf den Höfen willkommener Rattenfänger und Wächter – Eigenschaften, die flämische Binnenschiffer gut gebrauchen konnten, und so findet man ihn heute noch auf den großen Lastkähnen, was ihm den Namen Schifferspitz einbrachte. Salonfähig wurde er Ende des 19. Jh. durch die Gunst der belgischen Königin Marie-Henriette. Der lebhafte, neugierige, immer aufmerksame Begleiter ist ein unbestechlicher Wächter, der sein Revier leidenschaftlich verteidigt. Wem ein Hund genügt, der bellt und verteidigt ohne Menschen ernsthaft gefährden zu können, der findet in dem kleinen, schwarzen Teufelchen einen ausgesprochen zuverlässigen Kameraden. Intelligent und gelehrig, voller Temperament und gut in der Wohnung zu halten, schließt sich der Hund ganz an seinen Menschen an. Fremden gegenüber ist er entsprechend unnahbar bis unfreundlich. Der Schipperke liebt besonders die Nähe von Pferden und ist als kurzhaariger Spitz pflegeleicht.

Tschechoslowakischer Wolfhund und Saarloos Wolfhond

Tschechoslowakischer Wolfhund

Schulterhöhe Rüde mind. 65 cm, Hündin mind. 60 cm

Gewicht Rüde mind. 26 kg, Hündin mind. 20 kg

Farbe gelblich-, wolfs- und silbergrau

FCI-Nr. 332

Verbreitung selten

Saarloos Wolfhond

Schulterhöhe Rüde 65–75 cm, Hündin 60–70 cm

Farbe braun- und graugrundig wolfsfarben, hell cremefarben bis weiß

FCI-Nr. 311

Verbreitung sehr selten

Beide Rassen dürfen nur von erfahrenen Hundekennern gehalten werden.

In Tausenden von Jahren züchterischer Arbeit hat der Mensch den Wolf zum Haushund umfunktioniert. Wolfkreuzungen sind ein Rückschlag und eher fragwürdiges Experiment. Wolfsverhalten schlägt durch und erfordert eine sehr frühe Prägung und sorgfältige Sozialisierung der Welpen, um unsere Umwelt ohne Stress zu ertragen, da sie sehr misstrauisch allem Fremden gegenüber sind. Die Haltung erfordert ausbruchsichere Unterbringung, fundierte Kenntnisse in Wolfs- und Hundeverhalten, sehr viel Zeit und Einfühlungsvermögen. Wolfhunde sind hoch intelligent, die Sinne schärfer und das Reaktionsvermögen schneller als beim Hund, das gesamte Instinktrepertoire einschl. Sozialverhalten ist intakt, die Jagdpassion ausgeprägt. Alles in allem sehr schwierig zu haltende Tiere.
In Holland wollte Leendert Saarloos die scharfen Sinne des Wolfes mit der Bindung an den Menschen und der Lernfreudigkeit des Deutschen Schäferhundes verbinden, um einen guten Blindenführhund zu erhalten, was aber nicht gelang. Saarloos haben eine starke Fluchttendenz.
Der Tschechoslowakische Wolfhund ist ebenfalls eine Wolf-Deutscher Schäferhund-Kreuzung und wurde als Diensthund für das Militär gezüchtet. Er ist ausdauernd, temperamentvoll, gelehrig ohne Unterwürfigkeit mit ausgezeichnetem Orientierungssinn.

Oben Tschechoslowakischer Wolfhund, links Saarloos Wolfhond

Chow Chow

Schulterhöhe Rüde 48–56 cm, Hündin 46–51 cm

Farbe einfarbig schwarz, rot, blau, rehfarben, creme und weiß

FCI-Nr. 205

Verbreitung häufig

Das dichte Langhaar sorgfältig pflegen, da sonst Ekzeme drohen.

Oben Langhaar, unten Kurzhaar

Mongolen brachten den Jagd-, Schutz- und Kriegshund nach China. Uralte Terrakottafiguren und Bilder belegen den schweren Spitztyp. Vor ca. 100 Jahren kamen die ersten Exemplare nach England. Namensdeutungen sind „lecker lecker" sowie „Chao-Chao – alles sehen, sehr wachsam, sehr klug, sehr geschickt", was die geschätzten Eigenschaften des Jagdhundes beschreibt. Der „Tschau Tschau" besitzt ausgeprägtes Selbstbewusstsein, ist eigenwillig und freiheitsliebend. Dritten gegenüber reserviert bis ablehnend, wachsam, aber kein Kläffer. Seinen Menschen ist er zugetan, aber nie unterwürfig. Er folgt nur dem, der es versteht, ihm ein liebevoller und eindeutiger Rudelführer zu sein. Daher die Bezeichnung „Einmannhund". Der Chow Chow gehört nicht zu den ausgesprochen lauffreudigen Rassen. Er liebt Spaziergänge, kann aber wegen seines ausgeprägten Jagdtriebs nur in wildfreiem Gebiet abgeleint werden. Wegen der steilen Hinterhandwinkelung, die den gewünschten stelzenden Gang verursacht, nicht für Hundesport geeignet. Beim Kauf unbedingt auf gesunde Zucht achten und tief liegende, kleine Augen mit eingerolltem Augenlid (tränende Augen!) meiden. Der Kurzhaar-Chow entspricht noch eher den ursprünglichen Chinaimporten.

Shar Pei

Schulterhöhe 44–51 cm

Farbe einfarbig, alle außer weiß

FCI-Nr. 309

Verbreitung selten

Sog. Mini Shar Peis werden – nicht offiziell anerkannt – in den USA gezüchtet.

Die uralte chinesische Hunderasse soll zur Jagd auf Wildschweine, als Hirten-, Haus- und Hofhund gezüchtet worden sein. In den 50er Jahren des 20. Jh. wurden in China Hunde fast ausgerottet, einige wenige Shar Peis konnten in Taiwan, Macao und Hongkong überleben. 1971 bat Züchter Matgo Law in einer amerikanischen Zeitschrift um Hilfe bei der Erhaltung der Rasse. Mit Erfolg: Welpenpreise stiegen in schwindelerregende Höhen, und der Shar Pei wurde in den USA zum Statussymbol. Abgebildet wurden nur faltenreiche Welpen, da der erwachsene Hund kaum noch Falten aufweist. Extreme Faltenbildung beim erwachsenen Hund beruht auf Hormonstörungen und verursacht Hautprobleme, bei Hündinnen Zyklusstörungen und ist unerwünscht. Zu tief liegende, kleine Augen und zu starke Kopffalten führen zu eingerollten Augenlidern, die schmerzhafte Entzündungen hervorrufen. Abgesehen von diesen Auswüchsen, die von verantwortungsvollen Züchtern nicht mitgetragen werden, ist der Shar Pei ein origineller, temperamentvoller, fröhlicher, zärtlicher aber auch ruhiger Hausgenosse. Fremden gegenüber zurückhaltend, stets aufmerksam, wachsam, aber nicht aggressiv. Ausgesprochen sauberer Wohnungshund.

Eurasier

Schulterhöhe Rüde 52–60 cm, Hündin 48–56 cm

Gewicht Rüde 23–32 kg, Hündin 18–26 kg

Farbe alle außer weiß, gescheckt oder leberfarbig

FCI-Nr. 291

Verbreitung häufig

Der Eurasier wurde als jüngste deutsche Rasse 1973 offiziell anerkannt.

Julius Wipfel züchtete ihn in den 60er Jahren des 20. Jh. als Nachfolger für seinen Mischlingshund zunächst als Wolf-Chow, einer Kreuzung zwischen Wolfspitz und Chow Chow. Später kam Samojede hinzu. Er suchte einen umgänglichen, gesunden und natürlichen Hund voller Eleganz und mit freundlichem Wesen. 1973 wurde die Rasse offiziell anerkannt. Der Eurasier ist ein angenehmer, ruhiger Haushund mit ausgeprägtem Sozialverhalten und einer guten Portion Eigensinn. Eurasier lernen gerne ein Leben lang. Der selbstbewusste Begleiter schätzt eine sinnvolle Aufgabe und Bewegung. Er ist anhänglich und feinfühlig. Als stark revierbewusster Hund ist er wachsam und verteidigungsbereit. Gelegentlich bricht der Jagdeifer des Samojeden in ihm durch und erfordert entsprechend erzieherische Maßnahmen. Der Eurasier ist nicht der Anfängerhund, als der er oft gepriesen wird. Man sollte unbedingt Kenntnis in Hundeverhalten besitzen, um ihn zuverlässig führen zu können. Das dichte Haar ist relativ pflegeleicht, muss aber während des Fellwechsels intensiv gebürstet werden. Seitens der Zuchtvereine erfolgt strenge Zuchtkontrolle, um gesunde Hunde zu gewährleisten und eine Vermarktung zu vermeiden.

Akita Inu, Shiba Inu und Großer Japanischer Hund

Akita Inu (Bild links)

Schulterhöhe Rüde 67 cm, Hündin 61 cm, +/- 3 cm

Farbe rot, weiß, gestromt, sesam

FCI-Nr. 255

Verbreitung häufig

Shiba Inu (Bild unten rechts)

Schulterhöhe Rüde 40 cm, Hündin 37 cm

Farbe rot, schwarzloh, sesam, schwarz-sesam, rot-sesam

FCI-Nr. 257

Verbreitung selten

Großer Japanischer Hund (Bild unten links)

Schulterhöhe Rüde 66–71 cm, Hündin 61–66 cm

Farbe jede einschl. weiß, gestromt oder gescheckt

FCI-Nr. 344

Verbreitung sehr selten

Freilauf ist bei den selbstständigen, passionierten Jägern kaum möglich.

Akita Inu und Großer Japanischer Hund

Die Begleiter der Samurai gehören zur japanischen Mythologie. Akita-Symbole werden als Glücksbringer verschenkt. Die Hunde jagten Bären und Antilopen und waren geschätzte Wachhunde. Die ersten Akitas gingen 1937 als Geschenk in die USA. US-Soldaten nahmen sie nach Kriegsende mit nach Hause, wo sie sie nach eigenen Vorstellungen züchteten. Der US-Typ ist größer, schwerer und farbenfroher. 1998 Trennung in zwei Rassen. Die eigenständigen Jäger auf Großwild vor dem Schuss sind nicht unterordnungsbereit. Sehr revierbewusst, sind sie fremden Menschen gegenüber misstrauisch und aggressiv gegen Artgenossen. Die großen, starken Hunde sind nichts für Anfänger und fordern viel Hundeverstand seitens des Besitzers, der sich mit dem eigenständigen Wesen arrangieren kann. Sicher eingezäuntes Grundstück notwendig.

Shiba Inu

Ebenso uralter Jagdhund auf kleines Wild und Vögel, aber auch Bären und Wildschwein. Intelligente, possierliche Hausgenossen, jedoch sehr selbstbewusst, eigenständig und voller Jagdeifer. Kein Hund für Anfänger, da er eine konsequente Einordnung ins Rudel braucht. Guter Wohnungshund bei viel Bewegung und Beschäftigung. Kein bequemer Hund, obwohl sehr pflegeleicht.

Basenji

Schulterhöhe Rüde ideal 43,2 cm, Hündin 40,6 cm

Gewicht Rüden 11 kg, Hündinnen 9,5 kg

Farbe schwarz-weiß, rot-weiß, gestromt, schwarz-weiß-loh

FCI-Nr. 43

Verbreitung selten

Das kurze Fell des Basenji ist pflegeleicht und praktisch.

Sie gehören zu den primitiven Haushunden des tropischen Hackbaugürtels, die in menschlichen Siedlungen leben, aber sich selbst durchbringen müssen. Der Basenji aus dem Kongo wurde bisher als einziger Hund dieser Art als Rasse anerkannt. Die Urbevölkerung schätzt ihn heute noch als unentbehrlichen Jagdgehilfen zum Vorstehen und Stöbern und pflegt ihn mit entsprechender Sorgfalt. Er besitzt eine hervorragende Nase. Afrikaforscher des 19. Jh. brachten die ersten Exemplare nach England, wo die systematische Zucht begann. Basenjis bellen nicht wie andere Hunde, sondern drücken ihre Gefühlsregungen durch kurzes Wuff, Grollen oder Jodeln aus. Reinlicher Wohnungshund, aber kein Hund für Jedermann. Barschheit macht ihn scheu, eigensinnig und unfolgsam. Fremden Menschen gegenüber gleichgültig. Der gelehrige, stets heitere und verspielte Hund braucht liebevolle, verständnisvolle Behandlung, da er als selbstständiger Jäger nicht unterordnungsbereit ist. Sein Jagdtrieb ist stark ausgeprägt, die Bindung an den Menschen gering. Er braucht Bewegungsraum, viel Auslauf und Beschäftigung, wobei Freilauf außerordentlich schwierig ist. Unterfordert sucht er sich Beschäftigung, die selten im Sinne des Besitzers ist.

Das kurze Fell bietet keinen Schutz gegen Hitze, Nässe und Kälte. Solange er in Bewegung bleibt, stört ihn Winterwetter nicht. Dafür schätzt er im Hause den Komfort einer kuscheligen Liegestatt.

Island Hund

Schulterhöhe Rüde ideal 46 cm, Hündin ideal 42 cm

Farbe/Haar verschiedene Braunnuancen von creme bis rotbraun, schokoladenbraun, grau, schwarz; weiß immer vorhanden, aber nie vorherrschend (über 50%); Kurz- und Langhaar

FCI-Nr. 289

Verbreitung selten

Die einzige Hunderasse Islands kam mit den ersten Siedlern, den Wikingern, auf die Insel.

Diese uralte ehemalige Jagdhundrasse wurde auf Island mangels Wild zum Treib- und Hütehund umfunktioniert. Obwohl eng mit dem Menschen zusammen arbeitend, wurde er nie als Haus- oder Familienhund gehalten. Harte Auslese auf Leistungsfähigkeit und Gesundheit machten den Island Hund zu einem robusten, anspruchslosen, gehorsamen, flinken, mutigen, arbeitsfreudigen Hund, der sich nicht durch unwegsames Gelände oder schlechtes Wetter abschrecken lassen darf. Ausgesprochen gutartig und freundlich hängen Island Hunde voller Hingabe an ihren Menschen, lernen schnell und willig. Sie sind sensibel und müssen konsequent, aber ohne Strenge geführt werden. Der Island Hund ist wachsam, aber er beißt nicht. Aggressive Hunde wurden nie geduldet. Verträglich im Umgang mit anderen Hunden und Tieren. Der sehr lebhafte, bellfreudige Hund braucht eine Aufgabe und Bewegung. Er kam mit den Island Ponys nach Deutschland und ist ein wunderbarer Reitbegleithund. Um Koppel und Stall herum fühlt er sich wohl. Kein Wohnungshund und ungeeignet für bequeme Menschen. Island Hunde können sehr unterschiedlich aussehen, sie kommen kurz oder langhaarig und in großer Farbenvielfalt vor. Das dichte Fell ist pflegeleicht.

Saupacker, Bären- und Bullenbeißer

Links: Der Boxer ist ein lebenslustiger, liebenswerter Hausgenosse.

Rechts: Die Bordeaux Dogge strahlt Gelassenheit aus.

Unten: Dieser Dogo Canario von El Hierro ist ein zuverlässiger Wächter.

Ohne Waffen könnte der Mensch keine Maus fangen, geschweige denn ein größeres Tier töten. Vom Früchteesser und Sammler entwickelte er sich nur zum Jäger, weil er den Hund zur Seite hatte. In unseren vorwiegend bewaldeten Breiten wurde großes, wehrhaftes Wild gejagt. Hatten die leichteren Spürhunde das Wildschwein oder den Bären gestellt, schwächten die starken Saupacker und Bärenbeißer durch ständige Angriffe das Wild, bis der Jäger es wagen konnte, nahe genug für den Todesstoß heranzukommen. Zuverlässige, erfahrene Hunde sicherten Leben und Lebensunterhalt. Solche Jagdszenen, die den Mut von Tier und Mensch verherrlichen, aber auch die ganze Grausamkeit zeigen, finden wir in zahlreichen Darstellungen bis ins 18. Jh., als mit dem Untergang der großen Jagden des Adels und der steten Verbesserung der Gewehre schließlich nicht mehr auf diese gefährliche Art gejagt wurde.

Schon in der Antike jagten diese Hunde alles Großwild des Orients und Afrikas. In Kriegen kämpften sie an vorderster Front, durch Rüstungen geschützt. Noch die spanischen Eroberer Südamerikas ließen die Eingeborenen von ihren Hunden zerfleischen. Die ganze Grausamkeit der menschlichen Rasse – ein wesentliches Unterscheidungsmerkmal vom Tier – wird uns im Zusammenhang mit diesen Hunden offenbart. Als man Bären- und Saupacker nicht mehr zur Jagd brauchte, fanden die mutigen Hunde eine neue Karriere als Wach- und Schutzhunde. Schlachter hetzten sie auf Bullen. Der Adrenalinausstoß der gequälten Tiere sollte das Fleisch für den Menschen genießbarer machte. Bis in unsere Tage machen sich skrupellose Menschen das beherzte Angreifen und

Kämpfen bis zum bitteren Ende zunutze. Man züchtete spezialisierte Rassen für Tierkämpfe, und als diese gesetzlich verboten wurden, gingen sie illegal weiter. Speziell in den USA entwickelte sich eine „Kampfhundszene", die in den letzten Jahren auch nach Europa überschwappte, und wir alle wissen, was uns das gerade in jüngster Zeit eingebrockt hat. Da die Nachfahren der Saupacker für den professionellen Hundekampf nicht wendig und aggressiv genug waren, kreuzte man sie mit heißblütigen Terriern und betrieb in der Zucht eine grauenhaft gnadenlose Selektion auf Tiere, die sich nicht mit Ritualen aufhalten, sondern kompromisslos zupacken. „Privat" sind diese Hunde liebenswert und nett, denn Aggression gegen Menschen war nie erwünscht, aber wenn ein solcher Hund die Notwendigkeit sieht zuzubeißen, kennt er keinen Schmerz und kein Zurück.

Heute sind unter den ehemaligen Saupackern hervorragende Familienhunde zu finden, die es nicht nötig haben, aggressiv zu sein. Sie blicken erst einmal gelassen auf das, was um sie herum passiert, lassen sich nicht leicht provozieren und begnügen sich zunächst mit heftigem Drohgehabe. Bei echter Gefahr jedoch wissen sie nach wie vor, welche Rolle sie einst spielten.

Ihre körperliche Überlegenheit an Kraft und die Bereitschaft, sich dem Feind zu stellen, gehen einher mit geringer Unterordnungsbereitschaft. Sie sind nicht dumm und können lernen, aber gehorchen, wenn es keinen Sinn macht? Sie sind in aller Regel passiv dominant und wenden unterschiedliche Taktiken an, um sich durchzusetzen: Sturheit, Ignoranz oder Clownerie. Typisch für stark revierorientierte Hunde sind sie zu Fremden reserviert bis misstrauisch, zuverlässige Wächter und fremden Hunden gegenüber oft unduldsam. Dagegen verhalten sie sich im fremden Revier eher neutral. Abgesehen vom sehr bewegungsfreudigen, temperamentvollen Boxer sind Spaziergänge für sie gleichbedeutend mit Revier abschreiten, ihr Bewegungsdrang hält sich in Grenzen. Ausnahme der starke Jäger Fila Brasileiro. Die großen Vertreter benötigen Lebensraum, ein Revier, das ihrer Verantwortung bedarf.

Sie gehören zu den Hunden, die erwachsen werden und ihre Aufgabe als Wächter ernst nehmen. Sie brauchen keinen Entertainer für lustige Spielchen. Beim Junghund sollte man Spiele, über die sie ihre Dominanz ausspielen können, vermeiden.

Wach- und Schutzhunde
Deutsche Dogge > 128
Deutscher Boxer > 129
Bullmastiff > 130
Mastiff > 131

Ehemalige Bullenbeißer
Bulldog > 130
Bordeaux Dogge > 131

Bullenbeißer-Terrier-Kreuzungen
American Staffordshire Terrier > 132
Staffordshire Bull Terrier > 132
Bull Terrier > 132

Jagdhunde auf Großwild
Fila Brasileiro > 133

Deutsche Dogge

Schulterhöhe Rüde mind. 80 cm, Hündin mind. 72 cm

Farbe gelb, gestromt, schwarz, blau, schwarzweißgefleckt

FCI-Nr. 235

Verbreitung sehr häufig

Bei diesem Hunderiesen führen Aufzuchtfehler zu schweren Skelettschäden.

Die Haltung der sog. Hatzrüden war fürstliches Privileg, denn sie verkörperten Kraft, Stolz und Adel. Im 19. Jh. zog die Dogge in die Häuser wohlhabender Bürger, wurde als eine der ersten Rassen zuchtbuchmäßig erfasst und erreichte hohe Meldezahlen auf den ersten Ausstellungen. Fürst Bismarck erhob sie zum „Reichshund“. Die Dogge gilt in ihrer stolzen, mächtigen, doch edlen Erscheinung als Apoll unter den Hunden.

Unvernünftige Zucht auf Größe führt zu anatomischen Missbildungen, gesundheitlichen Problemen und geringer Lebenserwartung. Bei einem solch kraftvollen und temperamentvollen Hund ist der Charakter von größter Bedeutung. Die Dogge ist sanft, gutmütig, mit liebevoller Konsequenz und Kenntnis in Hundeverhalten von Welpe an gut zu erziehen. Sie muss aufs Wort gehorchen und darf nie ängstlich oder aggressiv sein. Dennoch hat die Dogge eine starke Persönlichkeit und es ist nicht so einfach, sich als Rudelführer zu qualifizieren. Souverän und gutartig verzeiht sie jedoch so manche Schwäche ihrer Besitzer. Sie braucht viel Platz, sie will in der Familie leben und ihre Spaziergänge haben. Zuverlässiger Wächter, denn wer wollte die Ernsthaftigkeit ihrer Drohgebärden auf die Probe stellen? Die Aufzucht ist wegen des enormen Wachstums aufwändig und teuer.

Deutscher Boxer

Schulterhöhe Rüde 57–63 cm, Hündin 53–59 cm

Gewicht Rüde über 30 kg, Hündin ca. 25 kg

Farbe gelb und gestromt, mit oder ohne weiße Abzeichen

FCI-Nr. 144

Verbreitung sehr häufig

Der Boxer gehört zu den anerkannten Diensthunderassen.

Dieser ehemalige Saupacker überlebte bei Metzgern und Viehhändlern. Ein breiter Fang mit kurzer Nase erlaubte festes Zupacken und gleichzeitig Luft zu holen. 1860 tauchte das erste Mal der Name Boxer auf, und in München begann die Reinzucht. Der freundliche, charmante Familienhund ist bei Bedarf ein unbestechlicher Beschützer, der nie unnötig kläfft. Er ist immer zum Spielen und Toben bereit und nie übelnehmerisch. Mit liebevoller Konsequenz lässt er sich gut erziehen, versucht aber immer wieder mit freundlicher Sturheit – ja oft Clownerie – seinen Willen durchzusetzen. Mit Bestimmtheit, ohne unnötige Härte kann man ihn in seine Schranken weisen, doch die ausdrucksvolle Boxermiene besiegt oft die besten Vorsätze! Wer den Boxer zu motivieren weiß, erreicht mit ihm Höchstleistungen im Hundesport. Der temperamentvolle Hund braucht Bewegung und Beschäftigung sowie unbedingt Familienanschluss. Unter diesen Voraussetzungen ist er ein guter Wohnungshund, der den Luxus eines weichen Sofas zu schätzen weiß. Das kurze Haar ist pflegeleicht. Allerdings ist er kälte- und hitzeempfindlich. So lange er in Bewegung bleibt, stören ihn Kälte und Regen nicht. Hitzschlag ist für ihn die größere Gefahr. Gelegentlich werden weiße Welpen geboren, die zwar laut Standard nicht zulässig sind, aber ihre Liebhaber haben.

Bulldog und Bullmastiff

Bulldog

Gewicht Rüde 25 kg, Hündin 22,7 kg

Farbe alle außer grau, schwarz und schwarz und tan

FCI-Nr. 149

Verbreitung häufig

Bullmastiff

Schulterhöhe Rüde 63,5–68,5 cm, Hündin 61–66 cm

Gewicht Rüde 50–59 kg, Hündin 41–50 kg

Farbe gestromt, rot und hellbraun, dunkle Maske

FCI-Nr. 157

Verbreitung selten

Der Bullmastiff ist seit den Hundeverordnungen 1999 drastisch zurückgegangen.

Bulldog

Bullenbeißen war in England jahrhundertelang ein beliebter „Sport“ für Menschen aller Klassen, bei dem hohe Summen verwettet wurden. Der ideale Bullenbeißer war gedrungen, kurzbeinig und immens standfest mit enormer Kraft im Nacken- und Kieferbereich. Die kurze Nase und vorstehende Unterkiefer erlaubten festes Zupacken ohne zu ersticken. Das Muskelpaket mit blitzschnellem Reaktionsvermögen wurde zur atmungs- und bewegungsunfähigen Kreatur verzüchtet. Aus vernünftiger Zucht jedoch ist der Bulldog ein fröhlicher, freundlicher Familienhund, der durch charmanten Eigensinn bezaubert. Ein Wohnungshund, der unter Hitze stark leidet. Wegen Anatomie und Kurzatmigkeit geringes Bewegungsbedürfnis.

Bullmastiff

Alte Kreuzung zwischen Mastiff und Bulldogge. Als Schutzhund der Jagdaufseher sollte er Wilddiebe stellen, festhalten aber nicht beißen. Außerdem beliebter Wachhund großer Anwesen. Der starke, lebhafte Hund mit dem grimmigen Gesicht sollte ehrlich und vertrauenserweckend wirken. Ausgeglichen im Wesen, darf er nie aggressiv oder ängstlich sein. Bei Bedarf jedoch stets verteidigungsbereit. Kein ausgesprochen lauffreudiger Hund, der nicht streunt. Lernt bei liebevoll konsequenter Erziehung die nötigen Gehorsamsregeln, ist aber nicht unterordnungsbereit.

Oben Bulldog, rechts Bullmastiff

Bordeaux Dogge und Mastiff

Bordeaux Dogge

Schulterhöhe Rüde 60–68 cm, Hündin 58–66 cm

Gewicht Rüde mind. 50 kg, Hündin mind. 45 kg

Farbe rotbraun mit brauner oder schwarzer Maske

FCI-Nr. 116

Verbreitung selten

Mastiff

Farbe apricot-braun, silberbraun, rehbraun oder dunkelbraungestromt, schwarze Maske

FCI-Nr. 264

Verbreitung selten

Aufzucht, Ernährung und Bewegung des Welpen bedürfen größter Sorgfalt.

Bordeaux Dogge

Alter Saupacker Frankreichs, der als Wach- und Schutzhund und Metzgershund im Raum Bordeaux überlebte. Ruhiger, ausgeglichener Familienhund. Fremden gegenüber freundlich. Sie besitzt ein intaktes Sozialverhalten. Der sensible Hund braucht eine konsequente, liebevolle Erziehung; die Stimmlage genügt, Härte verstört ihn. Richtig erzogen ist die Bordeaux Dogge gehorsam und neigt nicht zum Streunen oder Jagen. Kein ausgesprochen lauffreudiger Hund, braucht aber Bewegungsfreiheit und Lebensraum. Leider durch Film und Fernsehen bekannt geworden, auf dem besten Wege zum Modehund.

Mastiff

Als die Römer auf die britische Insel kamen, bewunderten sie die riesigen Hunde und brachten sie nach Rom in die Tierkampfarenen. Uralter schwerer Jagd- und Schutzhund, der während der Weltkriege fast ausstarb und durch Kreuzung mit Dogge, Bullmastiff, Neufundländer u.a. wieder aufgebaut wurde. Der Mastiff ist freundlich und gutmütig. Er darf nie ängstlich oder aggressiv sein. Der ruhige Hund ist nicht lauffreudig, braucht aber Platz und Lebensraum. Der sensible Riese will mit Liebe und Konsequenz erzogen werden, wobei er sich in seiner ruhigen Dominanz nie vollkommen unterordnen wird.

Oben Bordeaux Dogge, links Mastiff

Bull Terrier, Staffordshire Bull Terrier und American Staffordshire Terrier

Bull Terrier

Farbe weiß, schwarz gestromt, rot, rehbraun und tricolour, bei farbigen Hunden muss Farbe vorherrschen

FCI-Nr. 11 (Bild rechts)

Staffordshire Bull Terrier

Schulterhöhe 35,5–40,5 cm

Gewicht Rüde 12,7–17 kg, Hündin 11–15,4 kg

Farbe rot, falb, weiß, schwarz, blau, gestromt mit oder ohne Weiß

FCI-Nr. 76 (Bild unten links)

American Staffordshire Terrier

Schulterhöhe Rüde 46–48 cm, Hündin 43–46 cm

Farbe alle außer überwiegend oder rein weiß; black & tan und leberfarben unerwünscht

FCI-Nr. 286 (Bild unten rechts)

Alle 3 Rassen waren 1999 in Deutschland noch häufig anzutreffen.

In Deutschland ist die Zucht dieser Rassen und der Pit Bull genannten Variante des American Staffordshire Terrier in manchen Bundesländern verboten, die Haltung mit Auflagen verbunden. Vor der Anschaffung deshalb die Bedingungen des Bundeslandes prüfen und unbedingt einhalten! Import ist bundesweit verboten. Der englische Bull Terrier entstammt der Kreuzung zwischen scharfen Terriern und Bulldogge und wurde zu Tierkämpfen gezüchtet. Nach deren Verbot entwickelte er sich zur Show-Rasse. Auch der Staffordshire Bull Terrier hat sich so entwickelt und wurde in England zu einem beliebten Familienhund. Einwanderer brachten im 19. Jh. die Hunde nach Amerika und züchteten dort einen hochläufigeren Typ. In den USA erblühte das illegale Kampfhundwesen, das auch nach Europa überschwappte. Die Hunde gelangten in Deutschland in die entsprechenden Kreise und wurden trainiert, Menschen zu attackieren. Nachdem es zu tödlichen Verletzungen kam, wurden sie vom Gesetzgeber drastisch verfolgt. All diese Terrier sind selbstbewusst, nicht unterordnungsbereit und gehen keiner Rauferei aus dem Wege, wobei ihre Art zu kämpfen immer lebensbedrohlich ist.

Fila Brasileiro

Schulterhöhe Rüde 65–75 cm, Hündin 60–70 cm

Gewicht Rüde mind. 50 kg, Hündin mind. 40 kg

Farbe alle außer reinweiß, mausgrau, gefleckt oder Merlefaktor oder mehr als ein Viertel weiß

FCI-Nr. 225

Verbreitung selten

Beim Kauf unbedingt auf sorgfältig menschengeprägte Welpen achten!

Hier haben wir es noch mit dem echten Saupacker zu tun, denn er wird in seiner Heimat Brasilien noch zur Großwildjagd, ja sogar auf den Jaguar, eingesetzt. Der begehrte Wach- und Schutzhund großer Anwesen und energische Viehtreiber geht auf die Doggen der spanischen und portugiesischen Eroberer zurück. Später wurden europäische Rassen wie Mastiff und Bloodhound eingekreuzt. Filas besitzen ein natürliches Misstrauen gegenüber Fremden. Schutztrieb und Verteidigungsbereitschaft sind angeboren und dürfen nicht gefördert werden. Von entscheidender Bedeutung ist die Prägung und Sozialisierung der Welpen als künftige Familienhunde. Dann ist er in seiner Familie ein zuverlässiger, ja zärtlicher Hausgenosse. Der Filabesitzer muss Erfahrung mit Hunden und fundierte Kenntnisse in Hundeverhalten besitzen. Übliche Erziehungsmethoden und häufige Wiederholungen langweilen ihn. Die Erziehung, Aufzucht, Bewegung und Ernährung bedürfen großer Sorgfalt. Der große Brasilianer braucht Familienanschluss, muss jedoch lernen, seinen Platz im Rudel zu akzeptieren, denn er ist nicht von sich aus unterordnungsbereit. Kein Hund für bequeme Menschen. Der sehr temperamentvolle Hund braucht viel Bewegung und ist ein passionierter Jäger.

Gesellschaftshunde

Links: Boston Terrier sind immer vergnügt.

Unten: Chihuahua – der kleinste Hund der Welt, aber eine große Persönlichkeit

Diese Rassen haben das zweifelhafte Vergnügen, einzig und allein zur Freude des Menschen da zu sein. Hunde sind die mutationsfreudigsten Haustiere überhaupt. Der Mensch schätzte schon sehr früh ausgefallene Launen der Natur und wusste die sprunghaften Veränderungen des Erbguts (Mutationen) zu nutzen. Kleine Hündchen wurden nicht nur zur Erbauung und Freude aufgezogen, sondern sie spendeten Wärme, und wie heute wissenschaftlich bewiesen, wirkt sich die körperliche Nähe des Hundes wohltuend auf die Seele und das Herz-Kreislauf-System aus. Wer verächtlich über kleine Hunde denkt, wird schnell eines besseren belehrt, wenn er erst einmal in Kontakt mit solch einem Wesen kam, das in der Größe seines Charakters keinem großen Hund nachsteht. Nichts geht über das wohltuende Gefühl, das den ganzen Körper durchströmt, wenn ein kleiner Hund seinen Kopf auf unseren Hals legt und entspannt einschläft. Wenn ein kleines kluges Hundegesicht voller Zärtlichkeit und Hingabe all das zum Ausdruck bringt, was wir oft in der zwischenmenschlichen Beziehung vermissen. Ich weiß nicht, warum gerade die kleinen Hunde solch eine riesige Ausstrahlung haben, die man erlebt haben muss, um sie zu begreifen.

Die ursprünglichen Arbeitshunde im Kleinformat zeigen eventuell störende Eigenschaften ihrer Vorfahren nur noch schwach, wenn überhaupt. Züchterisch gefördert wurde bis ins hohe Alter jugendliches Verhalten, das einhergeht mit Unterordnungsbereitschaft und sehr enger Bindung an die Bezugsperson. Bis auf wenige Ausnahmen sind die Hunde auch erwachsen verspielt, leicht zu erziehen,

anhänglich, gehorsam und haben keine Neigung, ihre Menschen zu verlassen.

Unter den Kleinen finden wir sehr pflegeintensive Hunde. Sicher haben viele Menschen ein Pflegebedürfnis, aber einige dieser Rassen wurden erst als Ausstellungshunde zu übertriebener Haarfülle verdammt. Um auf der Schau erfolgreich zu sein, dürfen sie oft kein normales Hundeleben führen, damit die Haarfülle nicht leidet. Solche „Kunstprodukte" sollte man nicht fördern. Das gleiche gilt für extrem kurznasige Hunde, deren Lebensqualität durch Atemnot eingeschränkt ist, von Geburtsschwierigkeiten ganz zu schweigen.

› Bichons

Kleine weiße Schoßhunde waren schon in der Antike im Mittelmeerraum verbreitet. Bichons zeichnen sich durch unwiderstehlichen Charme und fröhliche Ausgelassenheit aus. Allerdings benötigen sie eine mehr oder weniger intensive Fellpflege. Für den Hausgebrauch kann das Haar jedoch gekürzt und pflegeleicht gehalten werden.

› Kleine Terrier

Weniger selbstständig und umgänglicher als die typischen Einzeljäger sind die beiden seidenhaarigen Terrier. Der Mini Bull Terrier verleugnet zwar sein Bull Terrier Erbe nicht, ist aber aufgrund seiner Größe sehr viel einfacher zu handhaben.

› Schnauzer, Pinscher und Spitze

Die Kleinstformen der ehemaligen Haus- und Hofhunde wurden auf ein Luxusleben in nächster Nähe des Menschen hin selektiert. Sie zeigen zwar immer noch den Schneid ihrer Ahnen, sind aber längst nicht so selbstständig.

› Kleine Doggen

Die Kurznasigkeit unterstreicht das Kindchenschema, unseren angeborenen Instinkt, runden Köpfen mit großen Augen als Merkmal des Kleinkindes nur Wohlwollen entgegenzubringen. Leider führte das zu vollkommen unnötigen züchterischen Extremen. Inzwischen sind die Züchter per Tierschutzgesetz gehalten, die Standards nicht falsch auszulegen und krankmachende Extreme zu vermeiden.

› Asiaten

Sie sollten das Image des Löwen darstellen, in den sich Buddha bei Gefahr verwandeln konnte, und wurden in Palästen und Klöstern wohlbehütet gezüchtet. In China züchtete man Haustiere, die ohne menschliche Fürsorge nicht lebensfähig sein sollten. Der Pekingese ist ein Beispiel. Allerdings führten europäische Züchter diesen Weg fort, ja betonten noch die Merkmale.

› Jagdhunde

Hier finden wir Nachkommen der Stöberhunde – Jagdhunde unter Führereinfluss. Der Weg zum unterordnungsbereiten Hund war nicht weit, und ihre Anhänglichkeit überwiegt den Jagdtrieb, falls überhaupt noch vorhanden. Der Kromfohrländer ist eine Ausnahme: er ist Nachfahre selbstständiger Jäger, aber gezielt als Begleithund gezüchtet.

› Exoten

Haarlose Hunde kommen in Asien, Afrika und Südamerika vor und dienten als Wärmespender, Medizin und Speise. Haarlosigkeit ist rezessiv zu Behaarung, mit ihr geht Zahnverlust einher. Die Lebensqualität leidet jedoch nicht darunter.

Pudel und Lagotto Romagnolo

Pudel

Schulterhöhe Groß 45–60 cm, Klein 35–45 cm, Zwerg 28–35 cm, Toy unter 28 cm

Haararten Woll- und Schnürenpudel (sehr selten)

Farbe einfarbig schwarz, weiß, braun, silbergrau, apricot; Neufarben (nur in Deutschland) schwarz-loh, schwarz-weiß, gescheckt und rot

FCI-Nr. 172

Verbreitung sehr häufig

Lagotto

Schulterhöhe Rüde 43–48 cm, Hündin 41–46 cm

Gewicht Rüde 13–16 kg, Hündin 11–14 kg

Farbe schmutzigweiß, braun, orange, einfarbig oder gefleckt

FCI-Nr. 298

Verbreitung sehr selten

Ein großer Vorteil beider Rassen ist, dass sie keine Haare verlieren.

Pudel

Pudelähnliche Hunde begleiteten schon in der Antike edle Damen. Im Barock und Rokoko waren sie sehr beliebt. Die Nachkommen alter Wasserhunde prägten viele Jagdhundrassen. Der Pudel ist ein intelligenter, anhänglicher und sehr auf seinen Menschen eingehender, bis ins hohe Alter verspielter, leicht erziehbarer Hausgenosse, der kaum Probleme bereitet. Das lockige Fell muss etwa alle 8 Wochen geschoren und täglich gekämmt werden. Wer nicht ausstellen will, kann die Frisur elegant kurz und pflegeleicht halten, was das edle Erscheinungsbild insbesondere des Großpudels erst richtig zum Ausdruck bringt. Der Pudel ist wachsam, aber nicht aggressiv und kein Kläffer. Fremden gegenüber verhält er sich neutral. Er liebt ausgedehnte Spaziergänge und ist verträglich mit Artgenossen. Der Großpudel eignet sich hervorragend für hundesportliche Aktivitäten. Bei ihm ist gelegentlich Jagdtrieb anzutreffen.

Lagotto Romagnolo

Er hat sich sozusagen als Urpudel in Italien erhalten, wo er als Trüffelsuchhund eingesetzt wird. Er ist gelehrig, arbeitsfreudig, anhänglich und leicht erziehbar. Er eignet sich für alle möglichen hundesportlichen Aktivitäten. Das krause, isolierende, gelockte Fell wird am ganzen Körper kurz gehalten.

Oben Großpudel apricot, rechts Lagotto Romagnolo

Yorkshire und Silky Terrier

Yorkshire Terrier
Gewicht bis 3,1 kg
Farbe dunkles Stahlblau mit vollem, hellen Tan an Brust, Kopf und Beinen
FCI-Nr. 86
Verbreitung sehr häufig

Australian Silky Terrier
Schulterhöhe 23 cm, Hündin weniger
Gewicht 3,5–4,5 kg
Farbe blau und loh, graublau und loh
FCI-Nr. 236
Verbreitung selten

Die Welpen werden schwarz geboren und werden später stahlblau.

Yorkshire Terrier (oben)

Viele Terrierrassen und der Malteser haben zu seiner Entstehung beigetragen. Der Yorkie ist eine Frohnatur, noch immer Terrier mit Leib und Seele, von erstaunlicher Klugheit, Anpassungsfähigkeit und fröhlicher Zärtlichkeit. Idealer Kamerad für kleinsten Wohnraum in der Stadt, der gern spazieren geht. Beim Showhund bedarf das bodenlange Fell aufwändiger Pflege, es wird zum Schutz geölt in Seidenpapier gewickelt. Manche Hunde werden sogar in Käfigen gehalten. Für den Hausgebrauch und zum Wohlfühlen des Hundes kann das Haar gekürzt werden. Welpen sollte man nicht aus Käfighaltung oder im Hundehandel kaufen!

Australian Silky Terrier (rechts)

Britische Einwanderer brachten ihre Terrier mit nach Australien. Es gab dort schon früh einen stahlblauen rauhaarigen Terrier, der mit Dandie Dinmont verpaart eine dem Yorkshire Terrier ähnliche Variante hervorbrachte. Der Silky ist ein fröhlicher, unkomplizierter, bewegungsfreudiger, intelligenter und leicht erziehbarer Hund. Er sollte laut Standard noch immer Ratten fangen können, d.h. sein Terrierimage wird gewahrt. Bei entsprechendem Auslauf idealer Wohnungshund. Das Haarkleid braucht Pflege, Haarlänge ist aber kein Zuchtziel.

Französische Bulldogge

Gewicht max. 14 kg

Farbe Falbfarbe oder Fauve, gestromt oder weiß mit gestromten Platten

FCI-Nr. 101

Verbreitung häufig

Augen und Nasenfalte sind sauber zu halten, ansonsten pflegeleicht.

Britische Siedler in der französischen Normandie brachten ihre Zwergbulldoggen mit. Während die Rasse in Großbritannien unterging, erblühte der französische Familienzweig, insbesondere im Großraum Paris. Dort kreuzte man sie mit Terrier und Griffon und schuf einen kleinen Bulldogtyp, der sich in Temperament und Aussehen deutlich gegen die englische Bulldogge absetzte. Der Hund der Handwerker, Straßenhändler und Dirnen von Paris wurde erst gesellschaftsfähig, ja geradezu Modehund, als der englische König Eduard VII. einen Bully erwarb. Leider gehört er wegen seiner Körperproportionen (großer Kopf und schmales Becken) zu den Rassen mit Geburtsproblemen, viele Hunde leiden an Kurzatmigkeit, schnarchen und sind hitzeempfindlich. Der Bully ist intelligent, liebenswürdig, zärtlich und verschmust. Der aufgeweckte Hund ist stets bereit, Freud und Leid mit seinem Menschen zu teilen. Er geht gerne spazieren, ist aber kein ausgesprochen lauffreudiger Hund. Der aufmerksame, verspielte Hund bellt wenig. Die Französische Bulldogge ist ein guter Stadthund und besonders geeignet als Begleiter älterer Menschen. Er ist jedoch sehr anpassungsfähig und fühlt sich auch in einer lebhaften Familie wohl.

Boston Terrier

Boston Terrier

Gewicht drei Klassen: leicht bis 6,8 kg, mittel 6,8–9 kg, schwer 9–11,3 kg; Hündinnen in der Regel etwas zierlicher

Farbe gestromt, schwarz oder seal mit weißen Abzeichen

FCI-Nr. 140

Verbreitung häufig

Die Rute ist gerade oder schraubenförmig verkürzt (angeboren).

Der Boston Terrier ist eine amerikanische Kreation und entstand um Boston herum durch Kreuzung englischer Bulldoggen mit weißen englischen Terriern. Später kam ein Schuss Französischer Bully hinzu. Der anpassungsfähige Kamerad ist stets fröhlich, zu jedem Ulk bereit und außerordentlich menschenfreundlich. Er benötigt wenig Erziehung, denn er ist sehr intelligent und feinfühlig und reagiert auf die Stimmlage. Der außerordentlich anhängliche Boston ist wachsam, aber kein Kläffer, doch verteidigt er sein Revier wütend gegen Fremde. Trotz der langen Reinzüchtung gibt es manchmal stärker zum Bulldog-Erbe tendierende Tiere (etwas massiger und im Wesen gesetzter). Die mehrheitlich vorkommenden leichteren Terriertypen sind von unbekümmerter Lebhaftigkeit und Spielbereitschaft. Das kleine Kraftpaket strotzt vor Selbstbewusstsein und ist ein ausdauernder Läufer. Das feine Haar ist pflegeleicht. Idealer Stadt- und Wohnungshund für Menschen, die ihren Hund überall hin mitnehmen wollen und einen nie langweiligen Gefährten schätzen.

Charakteristisch für den Boston ist der intelligente Ausdruck, geprägt durch die großen, tiefdunklen Augen und die aufgerichteten Ohren.

Mops und Petit Brabançon

Mops (Bild rechts)

Gewicht 6,3–8,1 kg

Farbe silber, apricot, hellfalb, schwarz; schwarze Gesichtsmaske, Aalstrich und schwarze Schönheitsfleckchen auf Stirn und Wangen

FCI-Nr. 253

Verbreitung häufig

Petit Brabançon (unten)

Gewicht 3,5–6 kg

FCI Nr. 82

Verbreitung sehr selten

Der Mops ist auf dem besten Wege, wieder einmal Modehund zu werden.

Mops

Holländische Seefahrer brachten ihn aus dem Fernen Osten mit. Mit den Oraniern gelangte er nach England, und bis ins 20. Jahrhundert war er an allen europäischen Fürstenhöfen heimisch. Als verhätschelter, fett gefütterter Begleiter ältlicher Damen gelangte er in den Ruf eines dummen, faulen Hundes. Freiwillig „mopste" er sich wohl kaum, aber seinen treuen Kulleraugen, den Sorgenfalten auf der Stirn und dem auffordernden Schnaufen zu widerstehen und die begehrten Köstlichkeiten zu verweigern, verlangt schon harte Disziplin. Wer sie aufbringen kann und dem nicht gerade lauffreudigen Hund ausreichende Bewegung verschafft, wird sich ein langes Hundeleben an einem fröhlichen, aufmerksamen Hund erfreuen. Der Mops ist niemals aggressiv, immer guter Laune, dabei gelassen und niemals nervös. Leider bereitet die extrem kurze Nase Atemschwierigkeiten, besonders bei warmem Wetter. Augenwinkel und Nasenfalten müssen sorgfältig sauber gehalten werden.

Petit Brabançon

Kleiner Brabanter Griffon. Nachkomme kleiner belgischer Pinscher mit Mopseinkreuzung. Sehr anhängliche Kerlchen, die gerne toben und tollen. Bei voller Spiel- und Lebensfreude haben sie eine hohe Lebenserwartung. Augen und Nasenfalte müssen gepflegt werden, ansonsten unkomplizierter Wohnungshund.

Miniatur Bull Terrier

Schulterhöhe max. 35,5 cm

Farbe alle außer blau und leberfarben

FCI-Nr. 11

Verbreitung häufig

Der Mini-Bullterrier ist ein kleines Muskelpaket, das recht pflegeleicht ist.

Als ehemaliger Bullenbeißer und Kampfhund geriet der Bull Terrier in den Sog der geächteten Rassen. Seit der Bull Terrier von den Anti-Kampfhundgesetzen erfasst wurde und derzeit Zuchtverbot besteht, erfreut sich der Mini Bull Terrier wachsender Beliebtheit. Seine Ahnen waren Englische Bulldogge und der inzwischen ausgestorbene weiße Terrier. Schon seit Mitte des 19. Jh. wird er als Showhund gezüchtet. Er ist das getreue Ebenbild des Bull Terrier mit all seinen guten Wesenszügen. Er ist freundlich, gelassen und verschmust. Bemerkenswert ist seine Menschenfreundlichkeit. Der selbstbewusste, robuste, sehr harte und dennoch empfindsame Hund braucht eine konsequente Führung und stellt durch sein ausgeprägtes Dominanzverhalten selbst manchen erfahrenen Hundehalter vor gewisse Probleme, die sich aber beim Mini aufgrund der geringen Größe in Grenzen halten. Er ist etwas leichtführiger, dafür bellfreudiger als der große. Der von Natur aus furchtlose Hund greift selten an, verteidigt jedoch ihm Anvertrautes mit Leib und Seele. Zeigt sich gerne dominant zu gleichgeschlechtlichen Hunden. Bei reinweißen Exemplaren kommt Taubheit vor, sie neigen auch zu Hautproblemen.

Malteser und Coton de Tulear

Malteser
Schulterhöhe Rüde 21–25 cm, Hündin 20–23 cm
Gewicht 3–4 kg
Farbe reinweiß, blasse Elfenbeintönung zulässig
FCI-Nr. 65
Verbreitung häufig

Coton de Tulear
Schulterhöhe Rüde 26–28 cm, Hündin 23–25 cm, +2/-1 cm
Gewicht Rüde 4–6 kg, Hündin 3,5–5 kg
Farbe weiß, gelbe und graue Flecken insbesondere an den Ohren erlaubt
FCI-Nr. 283
Verbreitung häufig

Diese beiden Bichons verlangen eine ganz besonders sorgfältige Pflege.

Malteser

Der bekannteste Bichon war schon auf dem besten Wege zum Modehund. Zum Glück erwies sich die Pflege für die meisten Leute als zu aufwändig, so dass sein Verbreitungshöhepunkt überschritten ist. Er wurde auf der Insel Malta rein gezüchtet, über seinen tatsächlichen Ursprung weiß man jedoch nichts Genaues. Malteser sind lebhafte, gelehrige, intelligente Hausgenossen. Sie rennen und tollen gern und begleiten ihren Menschen am liebsten auf Schritt und Tritt. Das glatte, schwerer Seide ähnelnde, bodenlange Haar muss täglich gekämmt, die Augen jeden Morgen gesäubert und der Bart nach jeder Mahlzeit gereinigt sowie die Afterregion peinlich sauber gehalten werden. Man wäscht das Fell regelmäßig. Nur wer wirklich Spaß an der Fellpflege und die nötige Zeit dazu hat, kann sich an einem weißen, gepflegten Malteser erfreuen. Typisch für die Rasse: Durch das bodenlange Haar scheint der rasch gehende Hund über den Boden zu schweben.

Oben Malteser, links Coton de Tulear

Coton de Tulear

Seefahrer brachten ihn auf die Insel Madagaskar. Der Name weist auf sein baumwollartiges Fell hin (Coton = Baumwolle aus Tulear). Er soll – seinem Namen alle Ehre machend – wie ein Wattebausch aussehen, was eine entsprechende Fellpflege voraussetzt. Ein entzückendes Hündchen für kleinsten Wohnraum, das nur einen Wunsch hat: immer bei seinem Menschen sein zu dürfen.

Bichon und Bologneser

Bichon à poil frisé
Schulterhöhe max. 30 cm
Farbe reinweiß
FCI Nr. 215
Verbreitung häufig

Bologneser
Schulterhöhe Rüde 27–30 cm, Hündin 25–28 cm
Gewicht 2,5–4 kg
Farbe reines Weiß
FCI-Nr. 196
Verbreitung häufig

Der Bichon frise ist auf bestem Wege, bei uns ein Modehund zu werden.

Bichon à poil frisé

Schon im alten Rom waren diese weißen Hündchen beliebte Begleiter vornehmer Damen. Der ehemals Teneriffa-Hündchen genannte Bichon mit dem gelockten Fell besitzt ein entzückendes Wesen voller Charme, Klugheit, Fröhlichkeit und Liebenswürdigkeit. Er ist wachsam, ohne viel zu kläffen, und ein idealer Wohnungshund. Er liebt Spaziergänge, kommt aber auch mal ohne aus. Er kann seinen Menschen um den Finger wickeln, denn man kann ihm einfach nicht böse sein oder seiner Zuneigung widerstehen. Das robuste, selbstbewusste Kerlchen wird zweimal wöchentlich gründlich gebürstet und einmal im Monat gebadet. Die Spitzen des korkenzieherartigen Fells, das dem des Mongolenschafes ähnelt, werden etwas in Form geschnitten. Das macht den Bichon frisé recht pflegeleicht, was sich sicher auch in seiner wachsenden Beliebtheit widerspiegelt.

Bologneser

Er stammt aus Italien und war der Liebling berühmter Damen wie Madame Pompadour, Katharina der Großen von Russland oder Maria Theresia von Österreich. Charakteristisch ist sein offen kraus gelocktes Haar. Auch er ein bezaubernder Wohnungshund, der sich eng an seine Menschen anschließt und stets gute Laune verbreitet.

Oben Bichon à poil frisé, links Bologneser

Havaneser und Löwchen

Havaneser

Schulterhöhe 23–27 cm

Farbe weiß, hellfalbfarben bis havannafarben, schwarz, einfarbig oder gefleckt

FCI-Nr. 250

Verbreitung häufig

Löwchen

Schulterhöhe 25–32 cm

Gewicht 4–8 kg,

Farbe alle, einfarbig oder gescheckt außer braun

FCI Nr. 233

Verbreitung häufig

Das fast ausgestorben Löwchen wurde in der 2. Hälfte des 20. Jh. gerettet.

Havaneser

Seine Vorfahren kamen mit den Spaniern nach Kuba, wo sie sich lange größter Beliebtheit erfreuten, jedoch in den politischen Wirren in Vergessenheit gerieten. Exilkubaner brachten sie nach Amerika und bauten dort die Rasse auf. Inzwischen hat sie weltweit Freunde gefunden. Die Havaneser sind intelligente, neugierige Kerlchen mit unwiderstehlichem Charme, immer zu Spiel und Spaß aufgelegt. Weniger bekannt ist die Tatsache, dass sie sich auf den kleinen Bauernhöfen Kubas als Hütehunde nützlich machten. Das weiche Fell muss regelmäßig gekämmt und gebadet werden. Es fällt jedoch nicht bodenlang.

Löwchen

Seinen Namen hat er von der schon im Mittelalter üblichen Löwenschur. Er ist der pflegeleichteste Bichon, auch wenn er nicht geschoren wird. Lebhafter, fröhlicher, anpassungsfähiger Hund, der gern und viel spazieren geht. Er ist wachsam, aber kein Kläffer. Immer zu Spiel und Spaß aufgelegt und sehr anhänglich. Anschmiegsam und zärtlich zu seinen Menschen, die er auf Schritt und Tritt begleitet. Das ist auch kein Problem, denn das Löwchen ist aufgeschlossen, unkompliziert und leicht zu erziehen, fröhlich und gehorsam. Er eignet sich für die Haltung in der Stadt und auf dem Land und ist auch unerfahrenen Hundefreunden zu empfehlen.

Oben Havaneser, unten Löwchen

King Charles Spaniels und Kooikerhondje

Cavalier King Charles Spaniel

Gewicht 5,5–8 kg

Farbe wie beim King Charles

FCI-Nr. 136

Verbreitung sehr häufig

King Charles Spaniel

Gewicht 3,6–6,3 kg

Farbe Tricolour, Black and Tan, weiß mit roten Platten, kastanienrot

FCI-Nr. 128

Verbreitung selten

Kooikerhondje

Schulterhöhe 35–40 cm

Farbe weiß mit orangeroten Platten

FCI-Nr. 314

Verbreitung selten

Ausgesprochen sanftmütige, gehorsame Hunde, gut für Anfänger geeignet.

Cavalier King Charles und King Charles Spaniel

Ihre Vorfahren waren spanische und französische Stöberhunde und besondere Lieblinge englischer Könige, deren Namen sie tragen. Der Cavalier wäre beinahe zugunsten der kurznasigen King Charles ausgestorben, hätte ihn nicht ein Amerikaner auf alten Gemälden gesehen und versucht, einen solchen Hund in England zu kaufen. Da immer wieder „unerwünschte" Langnasen geboren wurden und sie nun einen „Markt" hatten, durften sie am Leben bleiben und wurden rasch zu einer beliebten Rasse, während der King Charles zu den ganz seltenen gehört. Sehr anhängliche, liebenswerte und fröhliche Hunde, die ganz in ihren Menschen aufgehen. Sie lieben Spaziergänge, sind aber nicht ausgesprochen lauffreudig, sondern toben sich auch im Garten aus. Sehr gesellig und gut zu mehreren zu halten. Das weiche Fell regelmäßig pflegen!

Kooikerhondje

Holländischer Nachfahre alter Stöberhunde, der einst mit spielerischem Hüpfen und seiner langen weißen Rute Wildenten in Kojen lockte. Heute anhänglicher, lebhafter und gelehriger Familienhund. Sehr unterordnungsbereit und braucht eine gute Führung, die ihm Sicherheit gibt. Sehr angenehmer Begleithund, dessen schlichtes Langhaar pflegeleicht ist.

Oben Cavalier King Charles Spaniel, unten King Charles Spaniel, unten rechts Kooikerhondje

Chihuahua und Chinesischer Schopfhund

Chihuahua
Gewicht 0,5–3 kg
Haar Lang- und Kurzhaar
Farbe alle
FCI-Nr. 218
Verbreitung sehr häufig

Chinesischer Schopfhund
Schulterhöhe Rüde 28–33 cm, Hündin 23–30 cm
Farbe alle
FCI-Nr. 288
Verbreitung selten

Beide sind ideale Begleiter für ältere und gehbehinderte Menschen.

Oben Chinesischer Schopfhund (rechts) sowie Chihuahua Langhaar (links und vorne) und Kurzhaar. Unten links Powder Puff, unten rechts Chihuahua Kurzhaar.

Chihuahua

Um die Herkunft des „Schiwawas" ranken sich Legenden: Waren sie Opferhunde der Azteken, kamen sie mit den Wikingern oder – was ich annehme – sind sie verwandt mit den kleinen portugiesischen Podengos, die auf den Schiffen als Rattenfänger mit in die Neue Welt fanden? Amerikaner entdeckten den Winzling in Mexiko und züchteten ihn zum kleinsten Hund der Welt. Gesunde Chihuahuas aus guter Zucht sind selbstbewusst, neugierig, ja geradezu dreist und voller Temperament. Niemals darf er nervös oder scheu wirken. Er ist gelehrig und wachsam. Selbst viel größeren Hunden gegenüber weiß er sich zu behaupten. Er ist eine Hundepersönlichkeit im Handtaschenformat. Schmusen gehört zu seinen besten Übungen, und er stellt sich ganz auf einen Partner ein. Die Lebenserwartung ist erstaunlich hoch. Auch das leicht befranste Langhaar ist pflegeleicht.

Chinesischer Schopfhund

Von Seefahrern aus China mitgebrachte haarlose Hunde wurden in den USA gezüchtet. Es gibt eine hübsche behaarte Variante, den Powder Puff. Beides sind lebhafte, zärtliche, liebebedürftige und Fremden gegenüber abweisende Hunde, die ganz in ihren Menschen aufgehen. Sie sind ideale Wohnungshunde. Die haarlosen bieten Hundehaarallergikern oder an den Rollstuhl gefesselten Menschen eine Alternative.

Kontinentaler Zwergspaniel

Schulterhöhe ca. 28 cm

Gewicht a) bis 2,5 kg b) Rüde 2,5–4,5 kg, Hündin 2,5–5 kg

Farbe auf weißem Grund alle Farben zulässig

FCI-Nr. 77

Verbreitung häufig

Das lange, kräftige Haar ohne Unterwolle ist recht pflegeleicht.

Man trennt sie in **Papillon**, Schmetterlingshündchen mit den großen Stehohren, und **Phalène**, Nachtfalterhündchen mit den Hängeohren. Zwergspaniels erfreuten schon im 12. Jh. die feinen Damen des spanischen Hofes, im 14. und 15. Jh. gehörten sie zum Alltagsbild der meisten europäischen Adelshäuser. Sie wurden als Privileg der Begüterten angesehen und während der Französischen Revolution fast ausgerottet. Erst im 19. Jh. wurden die stehohrigen Papillons durch Einkreuzung von Spitz und Chihuahua populär. Sie sind heute viel häufiger als der Phalène anzutreffen. Der Papillon darf kein zitterndes, empfindliches Nervenbündel sein. Er ist von Hause aus robust, selbstbewusst, fröhlich, intelligent und steckt voller Temperament. Der leicht erziehbare, anschmiegsame Hausgenosse passt sich sehr gut ins Familienleben ein, sollte jedoch nicht als Kinderspielhund betrachtet werden. Der Zwergspaniel liebt Spaziergänge. Der angenehme Wohnungshund fühlt sich in der Stadt ebenso wohl wie auf dem Lande, wo er gerne Mäuse und sogar Kaninchen fängt. Sehr gut für Mini-Agility geeignet. Sie lassen sich gut zu mehreren halten.

Oben Papillon, rechts Phalène

Zwergspitz und Japan Spitz

Zwergspitz

Schulterhöhe 20 +/- 2 cm

Farbe schwarz, weiß, braun, orange, andersfarbig: grau gewolkt, creme, creme-sable, orange-sable, black and tan; Schecken

FCI-Nr. 97

Verbreitung häufig

Japan Spitz

Schulterhöhe 30–38 cm, Hündin etwas kleiner

Farbe weiß

FCI-Nr. 262

Verbreitung selten

Das enorme Haarkleid benötigt aufmerksame Pflege.

Zwergspitz

Der Zwergspitz wurde in Deutschland früher züchterisch kaum beachtet. In Amerika und England hingegen fand er schon um die Jahrhundertwende 1899/1900 begeisterte Freunde, die ihn Pomeranian nannten. Als die bunten Fellkugeln in den 60ern des 20. Jh. nach Deutschland kamen, stießen sie bei den Spitzzüchtern zunächst auf wenig Gegenliebe, haben sich aber inzwischen einen festen Platz unter den Liebhabern der Kleinhunde erobert. Die Zucht ist nicht ganz einfach, und die Pomeranians kann man kaum als robuste Vertreter der Spitzfamilie bezeichnen. Sie sind in ihrer Winzigkeit jedoch große Persönlichkeiten, die selbst gegenüber viel größeren Hunden Selbstbewusstsein ausstrahlen. Das macht sie in den angelsächsischen Ländern zu beliebten Ausstellungshunden. Der Zwergspitz ist ein entzückender, farbenprächtiger Begleiter für alle, die Freude an einem intelligenten, fröhlichen Hundezwerg haben, der voll und ganz in seinem Menschen aufgeht.

Oben Zwergspitz, links Japan Spitz

Japan Spitz

Freundlicher Hausgenosse, ruhiger als die deutschen Spitze und niemals aggressiv. Er trägt das Lächeln seiner asiatischen Vorfahren im Gesicht. Sein Standard verankert: Darf keinen Lärm machen! Angenehmer Begleithund, gut für Anfänger.

Pekingese und Japan Chin

Pekingese

Gewicht Rüde max. 5 kg, Hündin max. 5,5 kg

Farbe alle außer Albino und leberfarben

FCI-Nr. 207

Verbreitung häufig

Japan Chin

Schulterhöhe ca. 25 cm, Hündin etwas kleiner

Farbe weiß mit schwarzen oder roten Abzeichen mit gleichmäßiger Gesichtszeichnung

FCI-Nr. 206

Verbreitung sehr selten

Pekingesen-Rüden sollten klein wirken, jedoch beim Hochheben überraschend schwer sein.

Pekingese

Seine Blütezeit erlebte der kleine Löwenhund in der Mandschu-Dynastie (1644–1912). Die bei Hofe verwöhnten Hunde wurden lieber getötet als den Engländern überlassen, die bei ihrer Eroberung Pekings 1860 nur noch fünf vorfanden und mit nach England nahmen. Der kleine Hund ist sehr selbstbewusst, draufgängerisch, eigenwillig und niemals unterwürfig. Freundlich, anhänglich und verschmust, wenn ihm danach ist, schenkt er seine Zuneigung längst nicht jedem. Wohnungshund mit geringem Laufbedürfnis. Sehr pflegeintensives Fell, empfindlich sind die großen Augen, die kurze Nase bedingt Atemnot.

Japan Chin

Koreanische Herrscher sollen ihre Palasthündchen an den japanischen Kaiser verschenkt haben. Sie durften nur vom höchsten Adel gehalten werden, lebten in Bambuskäfigen und wurden in den weiten Kimonoärmeln herumgetragen. 1853 gelangten sie als Geschenk nach England; 1880 schenkte die japanische Kaiserin der deutschen Kaiserin Auguste ein Paar. Chins sind lebhafte, fröhliche und bis ins hohe Alter verspielte Hunde, die ausgedehnte Spaziergänge lieben. Zärtlicher, ganz seinem Menschen ergebener, leicht zu erziehender Kleinhund. Das lange Fell ist nicht pflegeintensiv, nur die Augenwinkel müssen täglich ausgewischt werden.

Oben Pekingese, links Japan Chin

Shih Tzu

Schulterhöhe max. 26,7 cm
Gewicht ideal 4,5–7,3 kg
Farbe alle
FCI-Nr. 208
Verbreitung häufig

Bei guter Haltung und Pflege hat der Shih Tzu eine hohe Lebenserwartung.

Die Chinesen nannten ihn Shi-Tze-kou = tibetischer Löwenhund. Er gehört zu den Löwenhunden des Fernen Ostens, die eng mit der Lehre Buddhas verbunden sind, und sollte durch sein Aussehen den Löwen repräsentieren. Die kostbaren Tempelhündchen gelangten als Gastgeschenke an den chinesischen Hof, wo sie mit viel Liebe weitergezüchtet wurden und vermutlich ihre kurze Nase bekamen. 1930 kamen die ersten Exemplare nach England, wo man sie zunächst als chinesische Apsos bezeichnete. Die anatomische Ähnlichkeit mit dem Peking Palasthund ließ eher eine Verwandtschaft vermuten, und schließlich wurde er als eigene Rasse anerkannt. Zauberhafter, robuster Kleinhund mit überschäumendem Temperament und freundlichem Wesen, der eine gewisse Arroganz ausstrahlt. Seine ausgeprägte Persönlichkeit hat eine charmante Eigenständigkeit bewahrt. Ein sehr guter Wohnungshund, der zwar gerne spazieren geht, sich aber genauso gerne im Garten austobt. Der Shih Tzu ist bis ins hohe Alter fröhlich und verspielt. Das üppige, lange Haar ist sehr pflegeintensiv, aber für den Hausgebrauch trifft man ihn oft mit jugendlich gekürztem Haar an.

Lhasa Apso und Tibet Spaniel

Lhasa Apso
Schulterhöhe ideal 25,4 cm, Hündin etwas kleiner
Farbe gold, sandfarben, honigfarben, dunkel-grizzle, schieferfarben, rauchgrau, zweifarbig, schwarz,weiß oder braun
Verbreitung häufig

Tibet Spaniel
Schulterhöhe ca. 25,4 cm
Gewicht ideal 4,1–6,8 kg
Farbe alle
FCI-Nr. 231
Verbreitung selten

Tibet im Himalaja, das „Dach der Welt", liegt 3.500 bis 5.000 m hoch.

Lhasa Apso

Lieblingshund der Aristokratie im alten Tibet, der es heute noch schätzt, geachteter Mittelpunkt der Familie zu sein. Die Tibeter bezeichnen Apsos als „little people", kleine Menschen. Nonnen und Mönche, die in ihrem Leben nicht ganz artig waren, sollen in ihrem nächsten Leben als Lhasa Apso reinkarniert werden. Allem Fremden gegenüber ist der Lhasa eher misstrauisch, doch in seiner Familie anhänglich und zärtlich, ohne seine stolze Persönlichkeit aufzugeben. Fröhlicher Haushund, der ausgiebige Spaziergänge liebt. Er ist ausgesprochen robust und hat eine sehr hohe Lebenserwartung. Das üppige lange Haar, das einst Schutz gegen das extreme Klima seiner Heimat bieten sollte, erreicht heute Bodenlänge und ist sehr pflegeintensiv. Wer nicht ausstellen will, kann es natürlich kürzen.

Tibet Spaniel

Das Löwenhündchen lebte in den Klöstern zur Erbauung der Mönche und durfte die Gebetsmühlen treten. Der Legende nach verwandelte er sich in einen Löwen, wenn Buddha in Gefahr war. Deshalb galt ihm hohe Wertschätzung. Der Tibet Spaniel ist ein sehr robuster, beweglicher, fröhlicher, lebhafter und intelligenter Hausgenosse, der Fremden nichts abgewinnen kann, dafür seinen Menschen umso zugetaner ist. Wer gerne viel spazieren geht, findet in ihm einen unermüdlichen Gesellen. Allerdings ist er ein selbstbewusster Hund, der mit liebevoller Konsequenz erzogen werden sollte. Hohe Lebenserwartung.

Oben Lhaso Apso, rechts Tibet Spaniel

Zwergschnauzer und Affenpinscher

Zwergschnauzer
Schulterhöhe 30–35 cm
Gewicht ca. 4,5–7 kg
Farbe schwarz, weiß, pfeffersalz, schwarz-silber
FCI-Nr. 183
Verbreitung sehr häufig

Affenpinscher
Schulterhöhe 25–30 cm
Gewicht 4–6 kg
Farbe rein schwarz mit schwarzer Unterwolle
FCI-Nr. 186
Verbreitung sehr selten

Die robusten Persönlichkeiten machen auch Hundelaien Spaß.

Zwergschnauzer

Zwergschnauzer und Affenpinscher wurden in einen Topf geworfen. Sie waren Begleiter feiner Damen sowie Kutscher- und Stallhunde, die Ratten und Mäuse vernichteten. Ab 1899 wurden sie getrennt ausgestellt. Man wollte statt der rundköpfigen, kurznasigen Zwergform ein verkleinertes Ebenbild des Schnauzers. Der unerschrockene Draufgänger versteht es, durch sein Selbstbewusstsein manchen Hunderiesen zu bluffen. Sein quirliges, manchmal recht bellfreudiges Temperament ist nichts für nervöse Menschen. Er braucht eine konsequente Erziehung, wenn er seiner Familie nicht auf dem Kopf herumtanzen soll. Fremden gegenüber misstrauisch bis unfreundlich, ist er seiner Familie umso treuer ergeben. Auch für ältere, alleinstehende Menschen ist der pflegeleichte Schnauzbart, der regelmäßig getrimmt werden muss und kaum Haare verliert, ein fröhlicher, wanderlustiger Geselle.

Oben Zwergschnauzer schwarz-silber, links Affenpinscher

Affenpinscher

Sein Fremden gegenüber abweisendes, zuweilen aufbrausendes Wesen und der abfällige Name schaffen ihm auf Anhieb keine Freunde. Dabei ist er seinen Menschen ein liebevoller, etwas kauziger Hausgenosse mit ausgeprägter Persönlichkeit. Der handliche, pflegeleichte Wohnungshund, der sich ebenso gerne im Stadtpark austobt wie lange Spaziergänge mitmacht, besitzt eine hohe Lebenserwartung.

Zwergpinscher

Schulterhöhe Rüde und Hündin 25–30 cm

Gewicht 4–6 kg

Farbe einfarbig hirschrot, rot-braun bis dunkelrotbraun und schwarzrot

FCI-Nr. 185

Verbreitung häufig

Die rotbraune Variante nennt man landläufig Rehpinscher.

Zwergpinscher und Zwergschnauzer gab es schon vor der Reinzüchtung aller Schnauzer- und Pinscherrassen. Die Zwerge waren beliebte Salonhunde. Feine Damen der Jahrhundertwende schmückten sich mit den Winzlingen, die nicht klein und zart genug sein konnten. Zum Glück blieb das Zuchtideal nicht beim möglichst kleinen, feinen, zittrigen Schoßhund, sondern der Zwergpinscher soll genau so aussehen wie der Pinscher im Taschenformat. Typische Zwerghundmerkmale wie runder Schädel, kleine spitze Schnauze, große vorstehende Augen usw. sind ebenso unerwünscht wie ängstliches Wesen. Er ist anpassungsfähig und schließt sich eng an seine Familie an, gibt älteren alleinstehenden Menschen Gesellschaft und Zuneigung, er ist spielfreudig und lustig, zärtlich und selbstbewusst. Das gelehrige Kerlchen lässt sich leicht erziehen und liebt es, wenn man sich mit ihm beschäftigt. Der unbestechliche Wächter ist Fremden gegenüber misstrauisch. Ein Hund im Handtaschenformat, der kaum Ansprüche stellt. Der Zwergpinscher ist mit seinem Glatthaar ein sauberer, pflegeleichter Wohnungshund für kleinsten Raum. Ideal für reiselustige Menschen, die ihren Hund gerne mitnehmen möchten. Allerdings sollte man ihm Länder mit extrem heißem und kaltem Klima ersparen. Der robuste Kleinhund hat eine hohe Lebenserwartung.

Kromfohrländer

Schulterhöhe 38–46 cm

Gewicht Rüde 11–16 kg, Hündin 9–14 kg

Haar/Farbe Stockhaar und Rauhaar; weiß mit braunen Flecken

FCI-Nr. 192

Verbreitung häufig

Die beiden Haararten werden nicht miteinander verpaart.

Oben Rauhaar

Der Kromfohrländer entsprang einer Laune der Natur: Eine Fox Terrier-Hündin fand Gefallen an einem 1945 von Soldaten mitgebrachten Struppi, der angeblich ein bretonischer Griffon gewesen sein soll. Das Ergebnis waren entzückende Mischlinge, die Ilse Schleifenbaum alle aufnahm. Das fröhliche Wesen, hübsche Aussehen, die unkomplizierte Art, Anhänglichkeit und robuste Gesundheit begeisterten sie so, dass sie beschloss, sie als Rasse weiterzuzüchten. Sie fand dabei Unterstützung eines erfahrenen Hundefachmanns, so dass der Kromfohrländer (Krom Fohr = Krumme Furche, ein Stück Land ihrer Heimat bei Siegen) 1955 als Rasse anerkannt wurde. Kromfohrländer gibt es nur aus kleinen Liebhaberzuchten, wo die Welpen in enger Gemeinschaft mit dem Menschen aufwachsen. Sie sind aufgeschlossene, menschbezogene, anhängliche Familienhunde. Sie neigen weder zum Streunen noch zum Wildern und lieben ausgedehnte Spaziergänge. Die bis ins hohe Alter verspielten Hunde lassen sich leicht erziehen und beschäftigen. Kromfohrländer sind gesellig und gut zu mehreren zu halten. Die wachsamen Kerlchen sind nicht bissig, können jedoch im Ernstfall die Zähne blitzen lassen. Die Fellpflege ist bei beiden Haararten einfach.

Service

Zum Weiterlesen

Informationen über Hunderassen, Haltung und Erziehung, Verhalten und Gesundheit finden Sie in den folgenden Hundebüchern aus dem Kosmos-Verlag.

Hunderassen

Becker, Margitta und Veronika Thiele-Schneider: Golden Retriever.
Berghäuser, Walter: Westie.
Bürner, Margit: Berner Sennenhund.
Drever, Karl-Josef: Rottweiler.
von Dungen, Gregor: Bullterrier.
Fechler, Christel: Entlebucher Sennenhund.
Gewert, Wulf A. und Wolfgang Dettlaff: Neufundländer.
Hollensteiner, Dr. Horst: Deutsche Dogge.
Kejcz, Yvonne: Hovawart.
Klein, Reinhild: Dobermann.
Krämer, Eva-Maria: Collie.
Krämer, Eva-Maria: Der neue Kosmos-Hundeführer.
Krämer, Eva-Maria: Kleine Hunde – große Freunde.
Krämer, Eva-Maria und Hanna Hennig: Boxer.
Krämer, Eva-Maria und Marie-Luise Winnig: Deutscher Schäferhund.
Laukner, Dr. Anna: Deutscher Schäferhund.
Penizek, Dorothea: Jack Russell Terrier.
Räber, Dr. Hans: Enzyklopädie der Rassehunde. Ursprung, Geschichte, Zuchtziele, Eignung und Verwendung. 2 Bände.
Rauth-Widmann, Brigitte: Faszination Retriever. Eine Liebeserklärung.
Rauth-Widmann, Brigitte: Labrador Retriever.
Reißer, Monika: Cairn Terrier.
Roloff, Margit: Zwergschnauzer.
Schicker, Gisa und Walter: Riesenschnauzer.
Schlegl-Kofler, Katharina: Retriever. Geschicht, Haltung, Ausbildung, Zucht.
Schmidt-Duisberg, Dr. Kurt: Dackel.

Hundehaltung

Beck, Peter: Das Beste für meinen Hund.
Durst-Benning, Petra und Carola Kusch: Der große Spiele-Spaß für Hunde. 60 Spiele für drinnen und draußen.
Harries, Brigitte: Ein Welpe kommt ins Haus.
Hertrich, Hans-Günter: Hundespaß Agility.
Kejcz, Yvonne: Hundehaltung.
Kejcz, Yvonne: So sag' ichs meinem Hund.
Tammer, Isabell: Hundeernährung.
Whitehead, Sarah: Das Hundebuch für Kids.

Hundeerziehung

Feltmann-von Schroeder, Gudrun: Welpentraining mit Gudrun Feltmann.
Feltmann-von Schroeder, Gudrun: Die Kunst, mit dem Hund zu reden.
Führmann, Petra und Nicole Hoefs: Erziehungsspiele für Hunde.
Hoefs, Nicole und Petra Führmann: Das Kosmos-Erziehungsprogramm für Hunde.
Hoefs, Nicole, Petra Führmann und Perdita Lübbe-Scheuermann: Das Kosmos-Erziehungsprogramm für Hunde. Video.
Jones, Renate: Welpenschule leichtgemacht.
Lind, Ekard: Mensch-Hund-Harmonie. Mit Spiel und Motivation zum lernfreudigen Hund.
Nijboer, Jan: Hunde erziehen mit Natural Dogmanship®.
Nijboer, Jan: Hunde erziehen mit Natural Dogmanship®. Video.
Pietralla, Martin: ClickerTraining für Hunde.
Pietralla, Martin und Barbara Schöning: ClickerTraining für Welpen.
Pryor, Karen: Positiv bestärken, sanft erziehen. Die verblüffende Methode, nicht nur für Hunde.
Tellington-Jones, Linda: Tellington-Training für Hunde. Das Praxisbuch zu TTouch und TTeam.
Tellington-Jones, Linda: Tellington-Training für Hunde. Video.
Theby, Viviane: Hundeschule.
Winkler, Sabine: Hundeerzie-

hung. Sanfte Erziehung von Anfang an; Hundesprache verstehen; Probleme effektiv lösen.
Winkler, Sabine: So lernt mein Hund.
Zvolsky, Norma: Die Kosmos-Retrieverschule. Grunderziehung und Dummytraining.

Hundeverhalten

Coren, Stanley: Die Geheimnisse der Hundesprache. Lernen Sie Ihren Hund verstehen und mit ihm zu kommunizieren.
Donaldson, Jean: Hunde sind anders ... Menschen auch – so gelingt die Verständigung zwischen Mensch und Hund.
Feddersen-Petersen, Dr. Dorit: Hunde und ihre Menschen. Sozialverhalten, Verhaltensentwicklung und Hund-Mensch-Beziehung als Grundlage von Wesenstests.
Feddersen-Petersen, Dr. Dorit: Hundepsychologie. Sozialverhalten und Wesen, Emotionen und Individualität.
Harries, Brigitte: Hundesprache verstehen.
Jones, Renate: Aggressionsverhalten bei Hunden.
Schöning, Dr. Barbara: Hundeverhalten. Verhalten und Körpersprache verstehen; Welpenentwicklung optimal fördern; Probleme vermeiden.
Wright, John C. und Judi Wright Lashnits: Wenn Hunde machen was sie wollen ... und wie man sie davon abbringt. Die besten Ratschläge aus der Praxis eines erfahrenen Hundepsychologen.

Gesundheit

Becvar, Dr. Wolfgang: Naturheilkunde für Hunde. Grundlagen, Methoden, Krankheitsbilder.
Lausberg, Frank: Erste Hilfe für den Hund.
Rakow, Dr. Barbara: Der homöopathische Hundedoktor.
Rustige, Dr. Barbara: Hundekrankheiten.
Stein, Petra: Bach-Blüten für Hunde.
Wolf, Dr.: Tiersprechstunde für Hunde.

Nützliche Adressen

Adressen der Rassezuchtvereine und Rasseclubs finden Sie auf den Homepages der nationalen Verbände, die Anschriften weiterer kynologischer Dachverbände über die FCI.

Verband für das Deutsche Hundewesen VDH e.V.
Westfalendamm 174
D - 44141 Dortmund
Tel.: 02 31 – 56 50 00
Fax: 02 31 – 59 24 40
Info@vdh.de
www.vdh.de

Österreichischer Kynologenverband ÖKV
Johann Teufel-Gasse 8
A – 1230 Wien
Tel.: 01 – 8 88 70 92
Fax: 01 – 8 89 26 21
office@oekv.at
www.oekv.at

Schweizerische Kynologische Gesellschaft SKG
Länggassstr. 8
CH – 3001 Bern
Tel.: 0 31 – 3 06 62 62
Fax: 0 31 – 3 06 62 60
skg@hundeweb.org
www.hundeweb.org

Internationaler Dachverband Fédération Cynologique Internationale FCI
Place Albert 1, 13
B – 6530 Thuin
Tel.: 0 71 – 59 12 38
Fax: 0 71 – 59 22 29
www.fci.be

Kontakt mit der Autorin über www.infohund.de.
Weitere Publikationen der Autorin: die Fachzeitschriften Collie Revue, Beardie Revue.

Alphabetisches Verzeichnis aller Rassen

Impressum

Umschlag von eStudio Calamar unter Verwendung von 7 Farbfotos von Eva-Maria Krämer.

Die Umschlagbilder zeigen drei Weiße Schweizer Schäferhunde (› S. 13), einen springenden Australian Shepherd (› S.25), zwei Akita Inu (› S. 123), eine Bearded-Collie-Familie (› S. 18) sowie einen Leonberger (› S. 47); der Chart Polski (Porträt oben) ist ein polnischer Windhund; er wird in Deutschland nur gelegentlich gezüchtet und gehört zu den Jagdhunden ohne Führereinfluss, die ab Seite 84 vorgestellt werden. Umschlagrückseite:Welsh Corgi Pembroke.

Mit 393 Farbfotos von Eva-Maria Krämer außer: Bunyan (Autorenfoto), Heike Erdmann/Kosmos (S. 5 oben), Magdalene Grenz (S. 4), Thomas Höller/Kosmos (S. 7, 8 oben, 93 links), Christof Salata/Kosmos (S. 6, 8 unten, 9), Wolfgang Siegel (S. 45 oben rechts), Karl-Heinz Widmann/Kosmos (S. 5 unten).

Bibliografische Information Der Deutschen Bibliothek
Die Deutsche Bibliothek verzeichnet diese Publikation in der Deutschen Nationalbibliografie; detaillierte bibliografische Daten sind im Internet über http://dnb.ddb.de abrufbar.

Gedruckt auf chlorfrei gebleichtem Papier

ISBN 3-440-09338-7
Redaktion: Angela Beck
Produktion: Kirsten Raue, Markus Schärtlein
Gestaltungskonzept: eStudio Calamar
Gestaltung: TypoDesign, Kist bei Würzburg
Printed in Germany / Imprimé en Allemagne

KOSMOS
Postfach 10 60 11
D-70049 Stuttgart
TELEFON +49 (0)711-2191-0
FAX +49 (0)711-2191-422
WEB www.kosmos.de
E-MAIL info@kosmos.de